高等学校"十三五"规划教材
市政与环境工程系列研究生教材

湖泊污染控制工程

李永峰　张　颖　王　岩　著
周　琪　王振宇　主审

U0223484

哈尔滨工业大学出版社

内 容 简 介

　　本书分为 3 篇,分别以洞庭湖和蠡湖为例,介绍湖泊作为地球表面一个重要的自然生态系统具有的多种重要的服务功能。针对湖泊出现富营养化导致水体生态平衡受到破坏的现象,通过研究两个湖泊的氮、磷含量分布,季节变化特征以及水体营养状态特征情况,对湖泊富营养化的预防和治理提出了相关建议。

　　本书可供环境科学与工程、市政工程的高年级本科生、硕士生和博士生参考。

图书在版编目(CIP)数据

　　湖泊污染控制工程/李永峰,张颖,王岩著.—哈尔滨:
哈尔滨工业大学出版社,2020.10
　　ISBN 978-7-5603-8403-0

　　Ⅰ.①湖…　Ⅱ.①李…　②张…　③王…　Ⅲ.①湖泊污染—
污染控制　Ⅳ.①X524.06

　　中国版本图书馆 CIP 数据核字(2019)第 135957 号

策划编辑　贾学斌
责任编辑　王　玲　杨　硕
出版发行　哈尔滨工业大学出版社
社　　址　哈尔滨市南岗区复华四道街 10 号　邮编 150006
传　　真　0451-86414749
网　　址　http://hitpress.hit.edu.cn
印　　刷　哈尔滨市工大节能印刷厂
开　　本　787mm×1092mm　1/16　印张 9.5　字数 211 千字
版　　次　2020 年 10 月第 1 版　2020 年 10 月第 1 次印刷
书　　号　ISBN 978-7-5603-8403-0
定　　价　32.00 元

前　言

湖泊作为地球表面一个重要的自然生态系统,承载着人类历史的发展,具有多种重要的服务功能。近几十年来,人口的激增以及人类活动的加剧,导致湖泊污染严重、生态环境日益恶化、灾害频发,所引起的经济损失剧增。如今,湖泊已成为区域环境变化和人与自然相互作用响应最为敏感、影响最为深刻、治理难度最大、投入资金最多的地理单元之一。

湖泊富营养化是指水体中的氮、磷等营养物质含量超过该物质在水体中的水环境容量,在光照和水温适当的条件下,水体中藻类或水生植物等过量生长,藻类出现水华或水生植物出现沼泽化,水体透明度和溶解氧降低,水质恶化,水体生态平衡受到破坏的现象。而了解湖泊的氮、磷含量分布、季节变化特征及水体营养状态特征,对于湖泊富营养化的预防和治理具有重要意义。

全书分为3篇,包括洞庭湖氮、磷时空分布及生态风险评价,环境治理工程对蠡湖氮素的赋存特征及释放风险和环境治理工程对蠡湖磷素时空分布的影响。洞庭湖位于长江中下游荆江段南岸,由洞庭湖区、"四水"(湘江、资江、沅水、澧水)及汨罗江、新墙河、向阳河等河流组成。本书内容为:以洞庭湖及湘、资、沅、澧4条入湖支流为主要研究对象,通过历史数据的收集及分析测定水体和沉积物中的氮、磷含量,对水体及沉积物中的氮、磷时空分布特征进行了系统的研究,同时将洞庭湖与太湖、巢湖等水华频繁暴发的长江中下游湖泊进行对比分析,对洞庭湖沉积物进行了初步的生态风险评价。蠡湖位于太湖北部,是梅梁湾向无锡市延伸的一个湖湾,经梁溪河闸、蠡湖闸及支流与梅梁湖相通,通过曹王泾、长广溪等分别与京杭大运河、贡湖相连接,湖周围还有一些小河及断头浜,是一个既相对独立又与太湖湖体相通的水体。以城市浅水湖泊——蠡湖为研究对象,利用氮形态的连续分级提取法研究了沉积物氮形态的季节性变化,并探讨了不同季节各形态氮的赋存形态,对蠡湖在2012—2013年度中的整个湖区氮污染的变化进行评估,对其水体和沉积物中磷的含量进行监测分析,同时采用Hendly法对蠡湖有机磷形态进行分级提取,旨在为湖泊富营养化治理及其水生态系统恢复提供理论依据和数据支撑。

本书由李永峰、张颖、王岩共同撰写,具体分工如下:第1~6章由张颖撰写,第7~8章由李永峰撰写,第9~11章由王岩撰写,第12~14章由研究生张博、肖常泓撰写,第15~16章由研究生胡佳晨、曹文倩、何雨伦撰写,研究生卢嘉慧、骆雪晴进行了全书的文字整理和图表制作。本书由周琪、王振宇主审。本书内容得到黑龙江省自然基金(项目编号为2013E54)的资助,特此感谢。

本书献给李兆孟先生(1929.7.11—1982.5.2)。

限于作者水平,书中难免存在疏漏之处,恳请读者批评指正。

作　者

2020 年 6 月

目　录

上　　篇

洞庭湖氮、磷时空分布及生态风险评价

第1章 绪 论

1.1 概 论

湖泊是重要的国土资源,其功能与作用主要体现在以下两个方面:一,作为水资源,湖泊及其流域是人类赖以生存的重要场所,具有提供水源、发展灌溉、繁衍水生生物、改善水资源状况等多种功能;二,作为生态功能区,湖泊是陆地水圈的重要组成部分,对调节河川径流、沟通航运、调节区域气候、维持区域生态平衡、改善区域生态环境等具有不可替代的作用。因此,对湖泊及其流域的生态环境保护意义重大,需要更多的人文和社会关注。

我国湖泊众多,分布广泛。全国境内有2万多个湖泊,其中1 km^{2}以上的自然湖泊有2 693个,总面积达81 414.6 km^2,约占我国陆地面积的0.9%。全国湖泊总储水量大于7×10^{11} m^3,其中淡水湖泊仅占31.1%,可利用的水资源较少。近年来,我国社会、经济和人口快速发展,特别在湖泊流域内高强度的经济开发活动和密集的人口分布,给湖泊生态系统带来巨大的压力。工业及城市化的快速推进、交通运输和旅游业的迅速崛起、规模化养殖和湖泊围网养殖面积的不断扩大、人们生活方式的更新改变等,使得湖泊污染问题严重复杂化。近年来,污染排放量越来越大,除了原有的工业污染,在全国第一次污染源普查结果中还发现,农业面源污染对湖泊污染的影响日益突显;污染物入湖途径也呈现全方位、立体化的交互作用,湖区及流域的地表径流输入、候鸟粪便及大气干湿沉降的带入,还有船只污染物及人类的不当行为直接排入等;除了源源不断的外源,还有污染物积累日益加重的内源;污染物种类越来越多,营养盐、重金属、石油类及持久性有机污染物(Persistent Organic Pollutants,POPs)等物质都在不断增加。

在诸多湖泊生态环境问题中,湖泊富营养化是目前全球湖泊面临的最普遍、最突出、也是危害最大的环境问题之一。大量的氮、磷营养盐和有毒有害污染物质随河流进入或直接进入湖泊,导致湖泊水污染日益严重,处于"水华"频发的高风险状态之下。2003—2010年间,我国被调查的26个国控重点湖泊(水库)中,Ⅱ、Ⅲ类水质的湖泊比例由25%波动下降至23%,而Ⅴ~劣Ⅴ类水质的湖泊比例由50%波动上升至61.6%;目前,五大淡水湖水体中的氮、磷的质量浓度均大大超过湖泊氮、磷富营养化发生的质量浓度(国际上一般认为总氮(TN)质量浓度为0.2 mg/L,总磷(TP)质量浓度为0.02 mg/L是湖泊富营养化的发生质量浓度)。水体富营养化及藻华危害可造成水功能障碍,使居民饮用水安全难以保障,同时严重威胁着流域社会的可持续发展。

湖泊富营养化实际上是氮、磷等营养物质增加、积累的过程,是自养型生物(主要是浮游植物)在富含氮、磷等营养物质的水体中异常生长的结果。湖泊富营养化的污染源可以分为外源和内源两种。外源一般由地表径流输入及大气干湿沉降带入,同时也存在人类不当行为直接排入的情况；而所谓内源，就是指在适当条件下，沉积物中的营养盐会向水体释放，造成水体的二次污染。在外源污染较大时，沉积物对这些污染物起到富集作用；而当进入湖泊的污染物得到控制后，水体中的营养物质含量降低，这时沉积物中的营养盐等会由于内负荷的存在而释放到水体中，内源即转变为富营养化的主导因子，并且可以在相当长的一段时间内维持湖泊的富营养化状态，对水生生态系统构成威胁甚至形成破坏。因此，在控制湖泊富营养化方面，同时进行湖泊外源（上覆水）和内源（沉积物）的分析具有十分重要的意义。

洞庭湖地处湖南省北部，长江中下游荆江段以南，目前是我国第二大淡水湖泊，同时也是长江中下游地区调蓄洪水能力最大的通江湖泊。洞庭湖的西、南部有湘江（湘）、资江（资）、沅水（沅）、澧水（澧）4 条河流（俗称"四水"）及汩罗江、新墙河、向阳河等河流灌注，北有松滋、藕池、太平"三口"与长江相通（调弦口已于 1958 年堵塞，原合称"四口"），分泄长江之水，仅岳阳城陵矶一口出流长江。洞庭湖总面积 18 780 km²，现尚有水面2 691 km²，容量 178×10⁸ m³，其水系流域总面积为 26.28×10⁴ km²，约占长江流域的 14％，多年平均径流量为 1 661.5×10⁸ m³，是目前长江流域最重要的集水、蓄洪湖盆。

近年来，随着经济的迅速发展，氮、磷等污染负荷不断增加，加之流域水利工程等人类活动影响的加剧，水体富营养化愈加严重。监测数据表明，近年来洞庭湖局部区域出现了轻度富营养化，且综合营养状态指数呈波动上升趋势。2003 年，全湖综合营养状态指数 44.1，为中营养状态，水质类别 Ⅴ 类；2006 年，全湖综合营养状态指数 58，已达轻度富营养状态，水质类别 Ⅴ 类；2010 年，全湖综合营养状态指数 50.4，处于轻度富营养状态，水质类别劣 Ⅴ 类。洞庭湖正逐渐向富营养化趋势发展，而总氮、总磷是引起富营养化的必要污染指标。

长江出三峡后，洞庭湖是其进入中下游平原遇到的第一个连通大湖，由于洞庭湖的经济、地理位置意义重大，加之人为和自然因素加速了湖泊消亡的过程，该湖泊富营养化的问题已引起人们关注。为此本书以洞庭湖为研究对象，在研究洞庭湖水体及沉积物中氮、磷时空分布的基础上，将洞庭湖与太湖、巢湖等水华频繁暴发的长江中下游湖泊进行对比分析，同时对洞庭湖沉积物进行初步的生态风险评价，从而为进一步研究洞庭湖氮、磷在水－沉积物之间的迁移过程提供数据支持，同时为江湖关系变化下的湖泊水环境效应研究提供参考和依据。

1.2　国内外湖泊富营养化研究背景及发展趋势

1.2.1　国内外湖泊富营养化研究进展

富营养化本是湖泊演化过程中的一种自然现象，这种演化十分缓慢，但由于人口增长、工农业和城市化的快速推进，大量营养物质进入湖中，每种污染物的总含量超过了水体所能承受该物质的最大值和水体的自净能力即水环境容量，导致藻类等生物大量生长繁殖，使水体透明度降低，水质恶化，引起水体富营养化。据统计，全球存在富营养化问题的封闭型水体约占全球封闭型水体的 75% 以上,湖泊(水库)富营养化目前已成为全球性的水环境污染问题,许多国家为此进行了大量的研究工作。

早在 20 世纪 60 年代,湖泊富营养化问题的系统研究就已经在联合国经济合作和开发组织召集的 18 个国家中开展,Vollenweider 等首次运用定量预测模型计算水体富营养化中的磷污染负荷。在管理策略方面,加拿大将水体富营养化等问题的治理纳入了法制轨道,为了使五大湖流域内的点源磷排放得到有效控制,洗涤剂中的磷含量在加拿大政府的联邦法律中被规定出来;在荷兰,政府通过对家畜数量、动物肥料及农场扩建的时间等实施严格的限制来改善因肥料等物质造成的湖泊污染问题,该项工作取得了显著成效。在湖泊富营养化评价标准方面,板本于 1973 年调查和统计了日本调和型湖泊主要化学成分后,制定了日本湖沼按水质营养程度进行分类的标准;1979 年,富营养状态指标与环境水质参数的关系表达式被相崎守弘等以百分数表和湖泊富营养化程度提出,这都是迄今对富营养化评价的重要参考标准。在营养盐控制方面,20 世纪 80 年代至 90 年代间,荷兰以全国境内 231 个湖泊为研究对象,对湖泊进行了营养负荷的削减,并试图改善湖泊的富营养化状况,通过采取相关措施减少氮、磷入河量,从而降低水体中 TN、TP 的含量,叶绿素 a(Chla)下降,透明度(SD)升高,营养物质含量降低,研究工作取得了初步的效果。

自二十世纪七八十年代开始,我国相继制定《环境保护法》《水法》《水污染防治法》等一系列法律,表明中国政府及有关部门已高度重视水体富营养化问题。随后的研究工作主要针对湖泊富营养化的发生机理、污染因子分析、评估界定的方法以及相关模型的理论研究与实际应用等方面。但研究工作的开展举步维艰,充满了困难与挑战,其主要原因是水体富营养化涉及机理复杂,涉及学科众多并且难以诠释,因此许多问题至今仍没有科学的阐释,需要更多科研工作的投入与研究。目前,湖泊富营养化及其治理工作已全面展开,对于三湖(太湖、巢湖、滇池)的污染治理已取得一定成果。国家"十五""十一五""十二五""十三五"均设立水体污染控制与治理科技重大专项水专项,综合治理水污染问题;自 2011 年,财政部、环境保护部联合成立"江河湖泊生态环境保护专项",将全国湖泊面积在 50 km² 以上、水质好于 Ⅲ 类或面积在 20 km² 以上且具有饮用水源功能、水质好于 Ⅲ 类的湖泊(水库)保护起来,转变思想,提出"保护优先、防治并举"的新思路,优先保护水质良好和生态脆弱的湖泊。2016 年,中共中央办公厅、国务院办公厅印发《关于全面推行河长制》,进一步加强了河湖管理保护工作,落实了属地责任,健全了长效机制,有力促进了水资源保护、水污染防治、水环境治理等工作。

1.2.2　洞庭湖研究现状与发展趋势

洞庭湖属构造断陷湖泊,其形成与演变经历了面积从小到大、又由大变小的过程。从新中国成立到 60 年代中期,洞庭湖泥沙淤积严重,加之人工围垦日盛,洞庭湖的快速萎缩问题一直是国内许多专家学者的主要研究内容之一。此外,素有"长江之肾"之称的洞庭湖是我国最大的调蓄型湖泊,它承担着调蓄长江以及湘、资、沅、澧入湖河流洪峰的重任,防洪调蓄一直也是洞庭湖研究工作的核心任务。1949—1985 年,洞庭湖的初期建设内容主要围绕堵支并垸、排涝、撇洪河配套等工作;1986 年开始实施洞庭湖近期防洪蓄洪工程规划,主要针对重点堤垸加高加固堤防,保证蓄洪安全,通过洪道整治建设,湖区防汛预警等能力有所提高,该工程在洞庭湖区后期抗御特大洪水过程中发挥了巨大作用,取得了显著的社会、经济效益;1995年,《湖南省洞庭湖二期治理规划》获得批复;为减少洞庭湖区的洪涝灾害,1998年,湖南省在洞庭湖区实施了平垸行洪、退田还湖、移民建镇等工程。

近年来,在经济发展的大潮中,洞庭湖也同样遭受到因急功近利导致生态环境恶化的问题,氮、磷等污染负荷不断增加,加之流域水利工程等人类活动影响的加剧,水质逐渐恶化,水体富营养化日趋严重,这又成为洞庭湖新的水环境问题,直接危及了湖区的生产生活。监测数据表明,近年来洞庭湖局部区域已达轻度富营养化,且综合营养状态指数呈现波动上升的趋势。国家及湖南省政府高度重视洞庭湖的污染状况,采取了有力措施予以治理。2006年,湖南省政府与沿湖岳阳、益阳、常德三市签订责任状,关停了洞庭湖周边排污严重的造纸企业,实现了控源减排,缓解了水质恶化趋势。国家及科研院校均提高了对洞庭湖污染治理研究的力度,2007年,"全国重点湖库生态安全调查与评估"项目启动实施,针对九大重点湖泊水库(其中包括洞庭湖)开展"生态安全评估",并对具体湖泊问题提出整治措施;科技部"973计划"设立多个课题,研究不同水文情势条件下,洞庭湖、鄱阳湖氮、磷等污染物时空分布特征的变化等内容。此外,大量的科研工作者也对洞庭湖进行了不同方面的研究:水质分析方面,申锐莉等结合洞庭湖1983—2004年的水质监测数据,分析了洞庭湖湖区20多年的水质时空变化;黄代中等利用洞庭湖20年间的水质资料,系统分析了洞庭湖水质与富营养状态的时空变化特征,并得出洞庭湖水体富营养化治理应以控制面源污染为重点的结论;姜恒等对测速庭湖水环境综合治理对策进行了被迫,提出空间管控、绿色发展,强化水污染防治及保护与修复水生态等措施。沉积物研究方面,王伟等对洞庭湖沉积物及上覆水体氮的空间分布进行了分析研究;王雯雯等对不同形态氮赋存特征及其释放风险进行了详细分析。

洞庭湖水体中的氮、磷含量较高,已具备发生藻华的营养条件,且局部区域已达富营养化水平,与全国其他富营养化湖泊相比,目前人们对洞庭湖的研究仍主要集中在洞庭湖的演变、水质、藻类生物量的空间分布及评估等方面,研究程度相对较低,针对沉积物,尤其是与洞庭湖作为通江湖泊特征相联系的不同条件下的水和沉积物氮、磷含量系统的研究对比较少,数据趋势不显著,因而深入的分析尤显不足。未来对洞庭湖流域水环境的研究应主要侧重以下几点:对水体污染负荷的研究;对在不同的水文水动力条件下,氮、磷等营养盐的赋存形态及时空分布的研究;对水体生源要素内源解吸与营养水平关系的研究;对洞庭湖污染控制与防治技术的研究;构建湖泊水质模型模拟预测湖泊水文水动力对水环境容量影响的研究;对江湖关系变化影响下的湖泊水华演变趋势的分析研究;等等。

1.3　本篇主要研究内容

本篇依托"973"项目"江湖关系变化的湖泊水环境效应"课题(编号:

2012CB417004),以洞庭湖为研究对象,通过对洞庭湖水质历史数据的收集与整合、采样和室内分析测试的基础上,对洞庭湖水质、沉积物中的氮、磷含量进行分析和研究,并与太湖、巢湖等水华频繁暴发的长江中下游湖泊进行对比分析,同时对洞庭湖沉积物进行初步的风险评价,从而为进一步研究洞庭湖氮、磷在水 — 沉积物之间的迁移过程提供数据支持,为江湖关系变化下的湖泊水环境效应研究提供科学依据。

1.洞庭湖营养水平历史变化趋势

通过文献调研、数据收集及现场调查,对洞庭湖水体历史变化趋势进行了分析。通过对历史趋势的分析,尤其是对重要拐点前后几年的变化趋势进行分析,找出水质恶化的主要原因和关键问题。

2.洞庭湖现状水质氮、磷含量时空分布

通过野外采样、室内分析及数据处理,本篇对洞庭湖现状水质氮、磷含量的时空分布进行分析,确定主要污染湖区、主要污染断面、主要污染因子以及污染因子的主要来源,从而为湖泊污染整治及工程措施提供参考和依据。

3.洞庭湖水体综合营养状态指数时空分布

本篇利用洞庭湖样品分析测试数据计算叶绿素 a 的质量浓度($\rho(Chla)$)、总磷的质量浓度($\rho(TP)$)、总氮的质量浓度($\rho(TN)$),SD 和 COD_{Mn}(COD 代表化学需氧量)的质量浓度 $\rho(COD_{Mn})$ 的营养状态指数,得出洞庭湖不同季节水体的综合营养状态指数($TLI(\sum)$),并进行空间差值分析,分析 $TLI(\sum)$ 的时空分布变化情况。

4.洞庭湖沉积物氮、磷时空分布

通过野外采样、室内分析及数据处理,本篇对洞庭湖沉积物中氮、磷含量的时空分布进行分析,从而为沉积物污染治理及工程措施提供数据。

1.4　研究方法与技术路线

1.4.1　研究方法

1.现场调查

收集资料,根据洞庭湖环境地理位置及水文、水动力学条件的差异,选取具有代表性的采样断面(包括国家级和省级污染监测断面)进行样品采集,同时在各入湖河口、各湖区出口及洞庭湖出口布点采样。采样时间分别为冬季(1月)和夏季(6月)。

2.实验分析

对洞庭湖现场取回的新鲜底泥进行风干,然后按四分法取样、研磨、过筛,采用沉积物分级提取法进行沉积物中营养盐含量的测定,整理实验数据并进行统计,从而求得洞庭湖沉积物中的氮、磷含量,根据实验结果分析洞庭湖沉积物中氮、磷含量的分布特征,得出相关结论。

3.生态风险评价

提出适合于洞庭湖沉积物污染的生态风险评价方法,定义度量生态风险的指标,并计算生态风险值。通过计算结果,确定洞庭湖沉积物中氮、磷污染生态风险较高的区域,为洞庭湖沉积物污染控制工程提供科学参考。

　　4.应用

　　通过分析各评价指标,对洞庭湖沉积物中的氮、磷含量进行生态风险评价,并进行初步分析论证,进而为湖泊富营养化的防治提供参考和依据。

1.4.2　技术路线

　　本书采用的技术路线如图1.1所示。

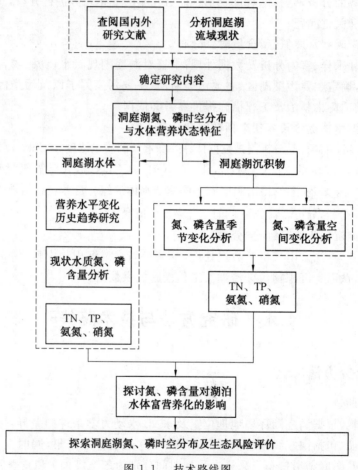

图 1.1　技术路线图

第2章 研究区域概况

2.1 地理位置

洞庭湖位于湖南省北部,长江中下游荆江段以南,地处北纬 28°44′N～29°35′N,东经 111°53′E～113°05′E,跨湘、鄂两省,范围涉及多个地市区,东起汨罗市、岳阳县、岳阳市(君山和岳阳楼区),西至临澧县、常德市城区、武陵和鼎城区、桃源县,南达益阳市辖区赫山区、资阳区、湘阴和望城县,北通长江河段荆江以南的湖北省松滋市、公安县与石首市。

2.2 洞庭湖主要水系组成

洞庭湖水系是指直接或间接流入洞庭湖的各水网系统,湖泊的西、南部有湘江(湘)、资江(资)、沅水(沅)、澧水(澧)4条河流(俗称"四水")及汨罗江、新墙河、向阳河等河流灌注,北有松滋、藕池、太平"三口"与长江相通(调弦口已堵塞,原合称"四口"),分泄长江之水,仅岳阳城陵矶一口出流长江(图 2.1),地跨湘、鄂、赣、川、粤、黔、桂,其

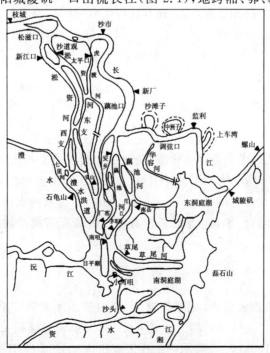

图 2.1　洞庭湖水系及水文站分布图

水系流域总面积约为 26.28×10^4 km²,约占长江流域的 14%。

2.2.1　洞庭湖

洞庭湖目前是我国除鄱阳湖以外的第二大淡水湖,同时也是长江中下游地区蓄洪能力最大的通江湖泊。洞庭湖总面积 18 780 km²,现尚有水面 2 691 km²,容量 178×10^8 m³,多年平均径流量 $1 661.5 \times 10^8$ m³,是目前长江流域最重要的集水、蓄洪湖盆。洞庭湖因泥沙淤积严重,现已分割为南洞庭湖(917 km²)、东洞庭湖(1 478 km²)和西洞庭湖(345 km²)。洞庭湖不仅具有蓄洪作用,同时还具有供纳水、发展灌溉和航运、改善气候等多重功能。湖区气候宜人,物产资源丰富,是我国重要的粮、棉、麻等生产基地。

2.2.2　湘江

湘江作为长江的主要支流,地理位置至关重要,为湖南省众多河流中最大的一条河流。自零陵以北的湘江段,向东流经永州湘潭等地,至岳阳湘阴县流入洞庭湖后继而汇进长江。干流全长约 856 km(湖南省境内约 670 km),流域面积约 9.46×10^4 km²(湖南省境内约 8.53×10^4 km²),流域面积(湖南境内)约占湖南省总面积的 40%,流域集中了全省 60% 的人口、70% 的 GDP,是湖南省工业最发达、城市化进程最快的区域。

2.2.3　资江

资江又称"资水",是长江的主要支流,属湖南"四水"之一,同时是湖南省第三大河流。资江有二源,即南源和西源,二源在双江口汇合后即称为资水。资江自双江口流经邵阳、新邵等县,到达益阳市甘溪港后汇入洞庭湖。干流全长 653 km(湖南省境内280 km),流域面积 $2.814\ 2 \times 10^4$ km²(湖南省境内 $2.673\ 8 \times 10^4$ km²)。流域内人口总数约 325 万人,城镇化率达 39.86%,居湖南省第 7 位。

2.2.4　沅水

沅水是湖南省第二大河流,水量在长江支流中仅次于嘉陵江和岷江,在湖南"四水"中属水量最大的河流。主要流经怀化市、湘西自治州以及常德市的桃源、鼎城和武陵,在常德市汉寿县汇入洞庭湖。干流全长 1 033 km(湖南省境内 568 km),流域面积$8.916\ 3 \times 10^4$ km²(湖南省境内 $5.106\ 6 \times 10^4$ km²)。流域内农药使用量较大,存在农业废水、工业废水、生活废水和生活垃圾没有经过处理而直接排放的情况,使得整个流域水质逐渐下降。

2.2.5　澧水

澧水是湖南省第四大河流,流域跨越湘、鄂两省。主要流经桑植、张家界、澧县等地,达津市小渡口后汇入西洞庭湖。干流全长 388 km,流域面积 $1.849\ 6 \times 10^4$ km²(湖南境内 $1.550\ 5 \times 10^4$ km²)。流域内山丘区面积达 80% 以上,且森林资源屡遭人为破坏,生态环境脆弱,是洞庭湖"四水"中水体流失最为严重的流域。

2.3　地貌特征

洞庭湖流域西部为山地,中南部为丘陵和盆地,北部为平原,主体为复合三角洲相的冲淤积平原,组成物质多以泥沙、沙质泥和黏土泥质为主,地面高程通常在三四十米。湖区地势西北高、东南低,东、南、西三面环山。北部平原从荆江南岸向南倾斜至南洞庭湖滨,高程差为 15 ~ 20 m,故会有北水南侵之势。洞庭湖底部高程西高东低,故使西水东流。

2.4　气候特征

洞庭湖区地处中北亚热带湿润季风气候区,控制湖区气候的主要天气系统为季风环流,湖区气候主要受经纬度和海陆位置所特有的天气系统控制,气候特征是:春季雷雨连绵,夏季炎热多雨,秋季晴燥,冬季寒冷,四季分明。

洞庭湖区年均温度 16.4 ~ 17 ℃,1 月温度最低,一般为 3.8 ~ 4.5 ℃;7 月温度最高,月均温 29 ℃ 左右。无霜期 258 ~ 275 d。

2.5　水文特征

季风气候下,洞庭湖四季变化显著,降雨量充沛,降水季节集中,存在明显的洪、枯水位变化。通常,每年 4 ~ 9 月湖水水位偏高,7 ~ 8 月会出现较高水位;10 月 ~ 次年 3 月水位较低。湖区多年平均降水量为 1 200 ~ 1 450 mm,北部最少,向东、南、西方向逐渐增多。多年平均蒸发量约 1 270 mm,蒸发量年内变化,夏季 7 月最高,冬季 1 月最低,空间分布有自东向西减少的趋势。

2.6　水体营养水平历史变化趋势

2.6.1　综合营养指数计算方法

湖体的营养状况可依据《湖泊(水库)富营养化评价方法及分级技术规定》中规定的综合营养指数法来进行评价,选取总氮(TN)、总磷(TP)、高锰酸盐化学需氧量指数(COD_{Mn})、叶绿素 a(Chla)和透明度(SD)为指标参数,计算综合营养状态指数$TLI(\sum)$,见式(2.1)。

$$TLI(\sum) = \sum_{j=1}^{m} W_j \cdot TLI(j) \tag{2.1}$$

式中,W_j 为第 j 种指标的营养状态指数相关权重;$TLI(j)$ 为第 j 种指标的营养状态指数。各参数营养状态指数计算公式参见式(2.2) ~ (2.6)。

1. 营养状态指数计算方法

计算各指标参数的营养状态指数如下：

$$TLI(Chla) = 10 \times (2.5 + 1.086 \ln Chla) \tag{2.2}$$

$$TLI(TP) = 10 \times (9.436 + 1.624 \ln TP) \tag{2.3}$$

$$TLI(TN) = 10 \times (5.453 + 1.694 \ln TN) \tag{2.4}$$

$$TLI(SD) = 10 \times (5.118 - 1.94 \ln SD) \tag{2.5}$$

$$TLI(COD_{Mn}) = 10 \times (0.109 + 2.661 \ln COD_{Mn}) \tag{2.6}$$

式中，Chla 单位为 mg/m^3，SD 单位为 m，其他指标单位均为 mg/L。

2. 营养状态指数相关权重计算方法

计算第 j 种指标参数的营养状态指数相关权重的公式为

$$W_j = \frac{r_{ij}^2}{\sum\limits_{j=1}^{m} r_{ij}^2} \tag{2.7}$$

式中，r_{ij} 为第 j 种指标参数与基准参数 Chla 的相关系数（具体数值见表 2.1）；m 为评价参数的个数。

表 2.1　中国湖库部分指标参数与基准参数 Chla 的相关关系 r_{ij}、r_{ij}^2 及 W_j 值

参数	Chla	TP	TN	SD	COD_{Mn}
r_{ij}	1	0.84	0.82	−0.83	0.83
r_{ij}^2	1	0.705 6	0.672 4	0.688 9	0.688 9
W_j	0.266 3	0.187 9	0.179 0	0.183 4	0.183 4

注：表中 r_{ij} 值引自中国 26 个主要湖泊调查数据的计算结果。

2.6.2　水质营养状态分级标准

湖泊（水库）营养水平分级标准见表 2.2。

表 2.2　湖泊（水库）营养水平分级标准

TLI($\sum$)	营养分级
< 30	贫营养（oligotropher）
30 ~ 50	中营养（mesotropher）
> 50	富营养（eutropher）
50 ~ 60	轻度富营养（light eutropher）
61 ~ 70	中度富营养（middle eutropher）
> 70	重度富营养（hyper eutropher）

2.6.3 洞庭湖水体营养水平历史变化趋势及因素分析

1.营养状态指数计算方法

本书通过文献查阅、数据收集及现场调查,对洞庭湖富营养水平随时间变化的趋势进行了分析。

计算洞庭湖主要富营养指标总氮、总磷、叶绿素 a、高锰酸盐指数和透明度的 $TLI(\sum)$,可以看出,近年来洞庭湖 $TLI(\sum)$ 呈波动上升,富营养水平总体呈加重趋势,如图 2.2 所示。

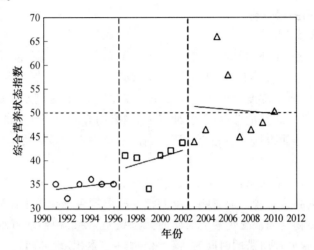

图 2.2 洞庭湖综合营养指数年际变化趋势

从图 2.2 中可以看出,洞庭湖的 $TLI(\sum)$ 主要分为三个阶段:第一阶段为 1991—1996 年,湖体的营养水平维持在较低水平,$TLI(\sum)$ 呈上升趋势,均值约为 34.67;第二阶段为 1997—2002 年,经济整体处于上升期,流域排放量较大,水体 COD 含量持续上升,导致湖体的营养水平有小幅上升,$TLI(\sum)$ 依然呈上升趋势,均值约为 40.37,但总体营养水平仍然较低;第三阶段从 2003 年开始,湖体的营养水平整体上升,虽有波动下降,但较前两个阶段,整体营养水平已达较高的程度,尤其是 2005—2006 年,湖体营养水平已超过轻度富营养,较往年提高了一个级别,并直接导致夏季东洞庭湖的水华暴发。2005 年为富营养化最严重的一年,湖体总体处于中度富营养水平。2006 年湖南省政府决定关停洞庭湖周边的造纸企业,各排污口的 COD 监测结果有所下降。2007 年洞庭湖水质恶化的趋势有所缓解,营养水平略微下降,但随后又出现逐渐上升的趋势,至 2010 年再次达到轻度富营养水平。

2.洞庭湖水体富营养化及水华影响因素分析

(1)富营养化影响要素解析。

2003 年以来,洞庭湖营养水平整体呈波动上升的趋势,这可能有以下两个方面的原因。

① 水文情势变化。近年来,随着洞庭湖湖水含沙量的降低,来水来沙量均在减少,湖泊水位变幅逐渐缩小,同时换水周期变长,水环境总体相对稳定。响应水文情势的变

化,洞庭湖水环境容量减小,总磷、总氮等污染物的滞留系数增大,含量相对增大;湖水透明度增大,增强了藻类的光合作用,使藻类快速地生长与繁殖,从而加快富营养化进程。

②　污染负荷不断增大。近年来,随着湖区经济水平的迅速提高,人口的激增与城市化的扩张,各种外源污染不断增加,导致洞庭湖水质遭受到较大程度的破坏,特别是湖区内以造纸业为主的工业污水的排放,严重污染了湖泊缓冲带;同时湖区农业大量农药、化肥的施用,加剧了湖泊水体的污染。湖体中氮、磷等污染物的积累直接或间接导致了富营养化的出现。

(2)水华影响因素分析。

①　营养盐质量浓度。

自 1996 年以来,洞庭湖的 $\rho(TN)$ 一直在 1.50 mg/L 左右波动,$\rho(TP)$ 一直在 0.1 mg/L 左右波动。通常认为,水体易出现富营养化的临界条件为总氮质量浓度大于0.2 mg/L、总磷质量浓度大于 0.02 mg/L。按此标准,洞庭湖水体氮、磷含量已经为浮游植物生长提供了充足的营养,但长期以来,洞庭湖并未出现明显的富营养化及水华暴发现象,可见营养盐含量并不完全是洞庭湖浮游植物生物量的决定性因素。

②　换水系数。

水体滞留时间在水文条件中是最重要的影响因子之一,其时长对浮游植物的生产力、群落组成及大小具有较大的影响。浮游植物种群能否维持由水体滞留时间决定,滞留时间短,浮游生物会因缺乏足够的时间而无法繁殖,使得种群数量难以保持,当水体滞留时间低于细胞分裂所需的时间时,藻类生物量的累积就会降低。而洞庭湖属过水型湖泊,水的流速较高,换水循环周期短,频繁的水量交换对湖泊水质稀释自净十分有利,在一定程度上会抑制浮游植物的生长繁殖。

近年来,东洞庭湖自然保护区核心区"大小西湖"出现富营养化、水质恶化的现象。一方面是由于进入东洞庭湖水的泥沙量明显减少,为藻类生长繁殖提供了充足光照,减弱了絮凝沉降效果,藻类大量繁殖;另一方面也与"大小西湖"独特的地理位置有关,"大小西湖"位于东洞庭湖的最东部,没有入湖河流来水进入,水体交换较慢,致使浮游植物大量繁殖。

第3章 样品采集和分析方法

合理的采样和分析方法是非常重要的,对洞庭湖氮、磷时空分布及其水体营养状态特征进行全面系统的分析,不仅能获取真实可靠、具有客观代表性的数据,而且能为一系列后续工作的开展打下坚实的基础。

3.1 采样点布置

洞庭湖流域面积较广,有"四水"汇入且流经不同城市,周边不同的工农业环境使不同河段、不同湖区的水质不同,因此,该研究采样工作考虑选取典型断面进行样品采集。

由于洞庭湖水位年变幅较大,季节性特征明显,因此在枯水期和丰水期各采样一次。2012年1月和6月,在洞庭湖"四水"入湖口、主要湖区、各湖区出口断面及洞庭湖出湖口共设置13个采样点,其中东洞庭湖3个,分别为大小西湖,东洞庭湖和鹿角,其控制东洞庭湖的水质;南洞庭湖3个,分别为横岭湖、虞公庙和万子湖,其控制南洞庭湖的水质;西洞庭湖2个,分别为小河咀和蒋家咀,其控制西洞庭湖的水质;湘、资、沅、澧入湖口各1个,分别为樟树港、万家咀、坡头和沙河口,其控制洞庭湖入湖口的水质;以及洞庭湖出湖口,其控制洞庭湖湖区出水口的水质。所有采样点均使用便携式GPS定位。

3.2 样品采集与处理

利用抓斗式采泥器采集洞庭湖表层沉积物,每个采样点均采集3个平行样,剔除砾石、动植物残体等杂物,混合均匀后置于自封袋,4 ℃保存,在带回实验室冷冻干燥、研磨、过筛后待测。在对应采样点同时采集水下50 cm处的上覆水样品,加入保存剂,4 ℃保存,48 h内分析测试,叶绿素a(Chla)样品采集后要立即过滤,用锡箔纸包裹滤膜,−20 ℃干燥保存,待测。

3.3 样品分析方法

水温、pH及溶解氧(Dissolved Oxygen,DO)的质量浓度($\rho(DO)$)采用便携式多参数水质分析仪(ProPlus,维赛公司,美国)现场测定,透明度(SD)使用塞氏盘进行现场测定。

水体中的$\rho(TN)$测定采用碱硫消解—紫外分光光度法;$\rho(NO_3^- - N)$测定采用紫外吸收法;$\rho(NH_4^+ - N)$测定使用纳氏试剂比色法;$\rho(TP)$测定采用过硫氧化—钼锑抗

分光光度法。上覆水体各指标测定均参照《水和废水监测分析方法》（第 4 版）中的相关内容。

　　沉积物中总氮的质量比（$w(\mathrm{TN})$）测定使用半微量开氏法；硝氮的质量比（$w(\mathrm{NO_3^- - N})$）测定使用紫外 — 分光光度法；分析测定氨氮的质量比（$w(\mathrm{NH_4^+ - N})$）采用氯化钾提取 — 纳氏试剂比色法；总磷的质量比（$w(\mathrm{TP})$）测定采用磷形态提取方法，即 SMT(The Standards, Measurements and Testing) 法。沉积物中不同指标的测定参照《沉积物质量调查评估手册》中的相关内容。

3.4　　样品数据处理

　　分析测定样品时均做平行样，用 3 个样品测定的平均值表示样品的实验结果，测定沉积物样品时用沉积物标准品(GBW07303a) 进行同步检验。显著性检验采用独立样本 T 检验；同时为更好地说明洞庭湖湖区及各入湖河口各污染物指标含量的变化情况，本次统计及分析在 ArcGIS 上采用空间插值（普通克里格(Kriging) 插值法）来直观显示各污染物指标的分布。实验数据采用 Excel 2007、OriginPro 8.0、PASW Statistics 17 和 Surfer 8.0 进行绘图及数据分析。

第4章　洞庭湖水体氮、磷含量时空分布

水体中的 $\rho(\text{TN})$、$\rho(\text{TP})$ 是影响洞庭湖水体营养水平的主要因子。洞庭湖水体 $\rho(\text{TN})$、$\rho(\text{TP})$、$\rho(\text{NH}_4^+ - \text{N})$、$\rho(\text{NO}_3^- - \text{N})$ 分别为 $1.35 \sim 2.98$、$0.02 \sim 0.22$、$0.03 \sim 0.68$、$0.07 \sim 0.91$ mg/L,平均值分别为 2.34、0.06、0.27、0.54 mg/L,$\rho(\text{NH}_4^+ - \text{N})$ 和 $\rho(\text{NO}_3^- - \text{N})$ 分别占 $\rho(\text{TN})$ 的 11.36% 和 23.14%。

4.1　氮、磷含量季节性变化分析

1月水体中 $\rho(\text{TN})$、$\rho(\text{TP})$、$\rho(\text{NH}_4^+ - \text{N})$、$\rho(\text{NO}_3^- - \text{N})$ 分别为 $1.35 \sim 2.56$、$0.02 \sim 0.09$、$0.03 \sim 0.49$、$0.07 \sim 0.64$ mg/L,平均值分别为 1.96、0.06、0.23、0.45 mg/L;6月水体中 $\rho(\text{TN})$、$\rho(\text{TP})$、$\rho(\text{NH}_4^+ - \text{N})$、$\rho(\text{NO}_3^- - \text{N})$ 分别为 $2.46 \sim 2.98$、$0.02 \sim 0.22$、$0.04 \sim 0.68$、$0.10 \sim 0.91$ mg/L,平均值分别为 2.73、0.07、0.30、0.63 mg/L。1月和6月,$\rho(\text{NH}_4^+ - \text{N})$ 最高值分别出现在沙河口、横岭湖;$\rho(\text{NO}_3^- - \text{N})$ 和 $\rho(\text{TN})$ 的最高值均分别出现在樟树港和横岭湖;$\rho(\text{TP})$ 最高值分别出现在鹿角和樟树港。洞庭湖不同季节水体氮、磷质量浓度对比如图 4.1 所示。

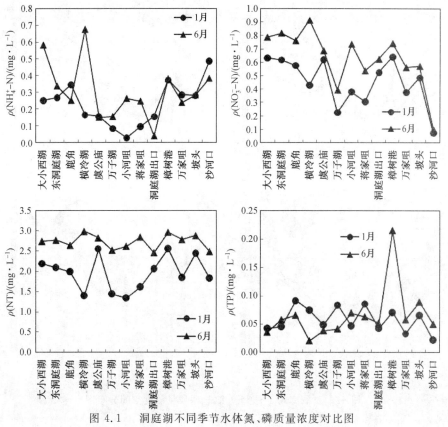

图 4.1　洞庭湖不同季节水体氮、磷质量浓度对比图

与 1 月相比,全湖 TN、TP、氨氮、硝氮平均质量浓度分别增加了 39％、17％、30％、40％。从季节性变化来看,6 月水体中 $\rho(NH_4^+ - N)$、$\rho(NO_3^- - N)$、$\rho(TN)$、$\rho(TP)$ 均大于 1 月,洞庭湖湖区及其入湖河口水体中的总氮、硝氮质量浓度表现出较为明显的上升趋势,尤其是 $\rho(TN)$,6 月显著大于 1 月($P < 0.01$),约为 1 月的 1.4 倍,在横岭湖断面甚至达到 1 月的 2.13 倍。究其原因,主要是与水体中氮、磷的来源有关。水体中的 TN、TP 主要来源于畜禽养殖、农田径流和城镇生活污染。同时,由于 6 月降雨量增加,大量农田化肥及生活污水、垃圾随雨水汇入河槽,形成径流汇入湖体,使湖体氮质量浓度迅速增加;研究表明,洞庭湖氮、磷主要以泥沙结合的颗粒态为主,而“四水”上游及支流几乎全部流经山地与丘陵地带,加上乱砍乱垦造成植被的严重破坏,水土流失现象严重,使得雨季含沙量猛增,约为 1 月的 21.6 倍。

4.2　氮、磷含量空间变化分析

调查断面中,洞庭湖水体 $\rho(TN)$、$\rho(TP)$ 均值均高于全年平均水平的为樟树港和坡头,同时东洞庭湖区污染较重,氮、磷指标含量总体表现为入湖河口大于湖体,且入湖河口在湘江支流质量浓度较高,湖体在东洞庭湖区较高。洞庭湖水体中的氮、磷质量浓度空间分布如图 4.2 和图 4.3 所示。

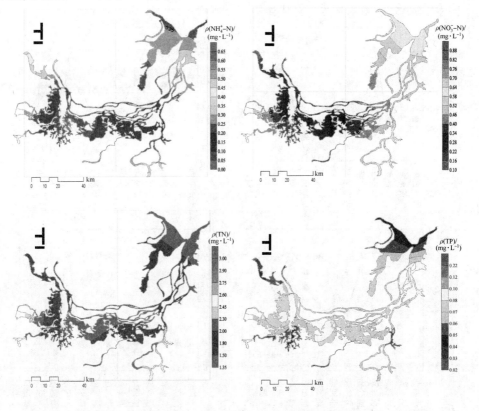

图 4.2　洞庭湖 1 月上覆水氮、磷质量浓度空间分布图

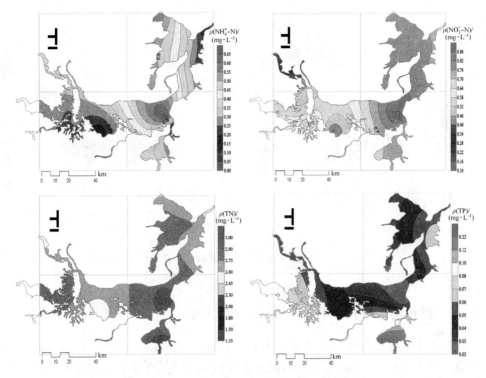

图 4.3　洞庭湖 6 月上覆水氮、磷质量浓度空间分布图

从空间分布上看,洞庭湖中氮、磷质量浓度均呈现一定的分布规律,即入湖河口质量浓度较高,随着向湖体方向汇入,营养盐质量浓度逐渐降低,该结果与杨汉等的研究结果相一致。就平均值而言,$\rho(NH_4^+ - N)$、$\rho(NO_3^- - N)$、$\rho(TN)$ 分布特征表现为东洞庭湖最高,表明水体中的氮含量可能受城市周边人类生产生活污染影响;$\rho(TP)$ 在全湖区分布较为均匀,虽在质量浓度上有差异,但数值并不大,分布特征表现为东、西洞庭湖区较高,南洞庭湖区略低,分析其主要原因可能是受周边面源污染、来水泥沙的影响。由单因素方差分析得知,洞庭湖各湖区 $\rho(TN)$、$\rho(TP)$ 分布差异不显著($P > 0.05$)。同时由图 4.3 可以看出,湘江来水(即樟树港断面)及洪道氮、磷质量浓度较高,可能是上游及周边的水土流失、水产养殖、农药化肥、畜禽粪便等污染对洞庭湖富营养化的影响。

4.3　洞庭湖综合营养状态指数时空分布

利用 2012 年 1 月和 6 月洞庭湖样品采集分析数据计算 $\rho(Chla)$、$\rho(TP)$、$\rho(TN)$、SD 和 $\rho(COD_{Mn})$ 的营养状态指数,得出洞庭湖不同季节水体的 TLI($\sum$)(综合营养状态指数),并进行空间差值分析,其分布特征如图 4.4 所示。

洞庭湖各断面 1 月、6 月的 TLI($\sum$) 平均值分别为 44.58 和 47.29。全湖 TLI($\sum$) 平均值为 45.93,局部地区如东洞庭湖、樟树港、坡头等断面 6 月均超过 50,已达富营养水平,与黄代中等研究结果一致。

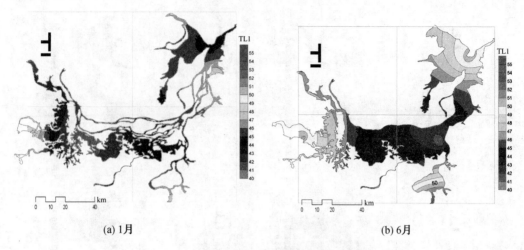

(a) 1月　　　　　　　　　　　　　　　　　(b) 6月

图 4.4　　洞庭湖不同季节综合营养状态指数分布图

4.3.1　洞庭湖综合营养状态指数季节性变化

　　从不同季节变化来看,6月的富营养化程度高于1月,尤其在樟树港断面,6月的 TLI($\sum$) 为1月的1.15倍,湖区中西洞庭湖区的 TLI($\sum$) 季节性变化较大,6月约为1月的1.12倍。6月 TLI($\sum$) 最高值出现在樟树港,为54.52,已达轻度富营养水平,已达轻度富营养水平的断面还有东洞庭湖、坡头等断面,富营养化程度依次为樟树港 > 东洞庭湖 > 坡头;1月 TLI($\sum$) 最高值出现在坡头,为48.37,接近轻度富营养水平。1月和6月湖体水质均处于中营养水平,富营养程度较高的断面均主要集中在东洞庭湖各断面及入湖河口处,如樟树港、坡头、东洞庭湖等。

4.3.2　洞庭湖综合营养状态指数空间变化

　　从空间分布特征来看,洞庭湖富营养水平整体呈现东洞庭湖及入湖河口较高的趋势,在全年范围,东洞庭湖富营养化程度普遍高于西洞庭湖和南洞庭湖,入湖河口在樟树港断面较高,分布规律与 TN、TP 空间分布规律相似。

4.4　洞庭湖蓝藻水华发生条件分析

　　通常认为水体易出现富营养化的临界条件为 $\rho(TN) > 0.20$ mg/L,$\rho(TP) > 0.02$ mg/L。该次测定洞庭湖水体中 $\rho(TN)$ 平均值为 2.34 mg/L,$\rho(TP)$ 平均值为 0.06 mg/L,与太湖 $\rho(TN)$、$\rho(TP)$ 平均值 1.88 mg/L、0.07 mg/L 和巢湖 $\rho(TN)$、$\rho(TP)$ 平均值 1.61 mg/L、0.15 mg/L 相比,三者均超出了富营养化的阈值,但仅有洞庭湖的 $\rho(Chla)$ 较低,见表 4.1。

表 4.1　洞庭湖与太湖、巢湖理化指标对比

项目	洞庭湖	太湖	巢湖
温度 /℃	18.00	17.30	17.00
$\rho(TN)/(mg \cdot L^{-1})$	2.34	1.88	1.61
$\rho(TP)/(mg \cdot L^{-1})$	0.06	0.07	0.15
$\rho(Chla)/(mg \cdot m^{-1})$	2.50	30.00	23.00

　　洞庭湖水体高含量的氮磷营养盐为浮游植物生长提供了充足的营养,但长期以来,洞庭湖并未像太湖、巢湖一样,发生水华暴发,这首先得益于洞庭湖独特的水文、水动力。洞庭湖属于过水型湖泊,湖水流速较快,年净流量较大,更新、交换频繁,湖泊水循环周期短(< 20 d),水体自净能力较强,具有较大的水环境容量,这种独特的水文情势使得洞庭湖的氮、磷滞留系数较小,营养物质不易沉降,富营养化程度相对其他浅水湖泊较低。其次,相比太湖 $\rho(Chla) = 30.00$ mg/m³、巢湖 $\rho(Chla) = 23.00$ mg/m³ 而言,洞庭湖水体中的 $\rho(Chla)$ 仅为 2.50 mg/m³,使得营养物质来不及被藻类充分利用即被水流带走,这也是洞庭湖好于其他湖泊的显著特征。由此推断,高含量的 TN、TP 的存在只是浅水湖泊发生蓝藻水华的必要条件。

　　洞庭湖是典型的过水型湖泊,除了洞庭湖君山的西北侧湖区水流流速微小,基本不受“三口”和“四水”的洪水动力影响以外,其他湖区水流流速均较快,在年平均水位情况下,平均流速都在 0.15 m/s 以上,而“三口”入湖口处、“四水”尾闾至湖区流速甚至可达 0.68 m/s。焦世珺通过室外实验发现,水体流速大于 0.10 m/s 将抑制藻类生长。钟成华针对三峡库区建立的富营养化评价标准表明,水体流速为 $0.05 \sim 0.10$ m/s 时,水体呈富营养状态,有利于藻类的生长,而较大流速导致的低透明度及低透光率则限制了藻类的生长。廖平安等也通过室内模拟和野外观测证实,水体流速增加,藻类的生长会在一定程度上受到抑制,清晰证实了水体流速的大小与水华发生快慢之间确实具有一定的关系。同时有研究显示,水动力对湖泊生物群落演替起重要作用,栅藻、蓝藻和一些鞭毛藻在水流扰动下生长受到抑制。因此可以推断出,洞庭湖的水流流速抑制了藻类的生长,这是洞庭湖 $\rho(Chla)$ 较低的主要原因,也是洞庭湖没有发生水华暴发的主要原因。如果洞庭湖建闸,水文水动力条件势必发生改变,如水体流速降低、水力停留时间增加、透明度增加,这些均增加了洞庭湖蓝藻水华暴发的风险。关于水文、水动力对洞庭湖富营养化的影响将在以后进一步论述。

4.5　本章小结

　　长江出三峡后,洞庭湖是其进入中下游平原遇到的第一个通江大湖,也是典型的过水调蓄型湖泊。近 20 年来,洞庭湖水体状况呈逐渐恶化的趋势,氮、磷等引起的富营养化问题逐年加剧,部分区域已接近或达到富营养化水平。该次研究发现,洞庭湖 $\rho(TN)$、$\rho(TP)$ 分别为 $1.35 \sim 2.98$ mg/L 和 $0.02 \sim 0.22$ mg/L,已达富营养水平,与黄代中等研究一致。同时发现,洞庭湖水体中 $\rho(NH_4^+ - N)$、$\rho(NO_3^- - N)$、$\rho(TN)$ 与

$\rho(\text{TP})$ 的空间分布规律并未完全一致,可能是水体中氮、磷的来源不同,氮主要来源于畜禽养殖,城镇生活,工业和农田径流污染,其中畜禽养殖污染居于首位;而研究发现除上述来源外,磷污染的来源还包括洞庭湖水体中悬浮态磷的比例很高,特别是在水中含有大量泥沙的淤积,因此每年入湖的大量泥沙也是洞庭湖水体中 TP 的主要来源之一,这与水体及沉积物中 TP 在入湖河流,尤其是湘江与沅水断面较高相互印证。

(1)洞庭湖水体中,$\rho(\text{TN}) = 1.35 \sim 2.98$ mg/L,平均值为 2.34 mg/L;$\rho(\text{TP}) = 0.02 \sim 0.22$ mg/L,平均值为 0.06 mg/L;$\rho(\text{NH}_4^+ - \text{N}) = 0.03 \sim 0.68$ mg/L,平均值为 0.27 mg/L;$\rho(\text{NO}_3^- - \text{N}) = 0.07 \sim 0.91$ mg/L,平均值为 0.54 mg/L。

(2)洞庭湖水体中氨氮、硝氮、TN、TP 含量的水期特征均表现为 6 月 $>$ 1 月;且在洞庭湖入湖河口断面污染较大;东洞庭湖区污染较西、南洞庭湖区严重。

(3)全湖 TLI($\sum$) 均值为 45.93,已达中营养水平,局部地区已达富营养水平。富营养化程度 6 月较 1 月严重。

(4)洞庭湖水体中 $\rho(\text{TN})$、$\rho(\text{TP})$ 较高,已具备了发生藻华的营养条件,但目前仍未发生大面积蓝藻水华暴发现象,可能由其他因素导致,如过水型湖泊特殊的水文水动力条件导致叶绿素含量偏低。

第5章　洞庭湖沉积物氮、磷含量时空分布

洞庭湖沉积物中 $w(\text{TN})$ 为 558.08 ～ 2 846.51 mg/kg，平均值为 1 220.47 mg/kg，据美国国家环境保护局(U.S. Environmental Protection Agency, US EPA)中沉积物 TN 污染的评价标准，总体为轻度污染；$w(\text{TP})$ 为 357.74 ～ 998.25 mg/kg，平均值为 678.97 mg/kg，属于重度污染。$w(\text{NH}_4^+ - \text{N})$ 和 $w(\text{NO}_3^- - \text{N})$ 分别占 $w(\text{TN})$ 的 2.37%、0.36%。

5.1　氮、磷含量季节性变化分析

1月、6月沉积物中，$w(\text{NH}_4^+ - \text{N})$ 平均值分别为 27.15 mg/kg、30.72 mg/kg；$w(\text{NO}_3^- - \text{N})$ 平均值分别为 4.18 mg/kg、4.63 mg/kg；$w(\text{TN})$ 平均值分别为 1 149.40 mg/kg、1 291.54 mg/kg；$w(\text{TP})$ 平均值分别为 635.13 mg/kg、722.80 mg/kg。洞庭湖不同季节沉积物中氮、磷质量比的分布如图 5.1 所示。

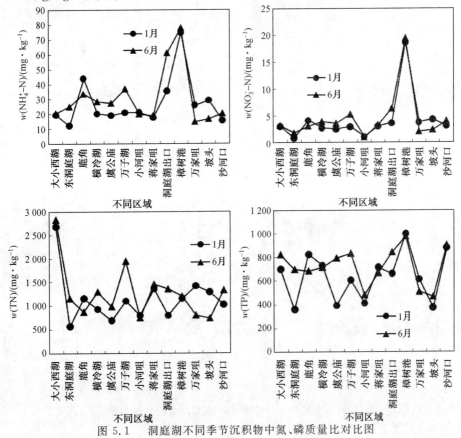

图 5.1　洞庭湖不同季节沉积物中氮、磷质量比对比图

　　从季节性变化来看,洞庭湖 6 月 $w(NH_4^+-N)$、$w(NO_3^--N)$、$w(TN)$、$w(TP)$ 均较 1 月高,汛期污染较严重。6 月洞庭湖沉积物的质量比较高,主要原因可能是由于雨季,大量耕种时期的农田化肥会随着降水进入地表径流,同时雨水的冲刷作用使土壤中的细小颗粒夹杂着农田化肥一同进入河流湖泊中。而湖体水位会随着降雨量的增加而升高,水位越高,泥沙淤积的维持时间越长,淤积越严重,带有大量农田化肥的细小颗粒会逐渐沉积,导致沉积物中的营养盐含量升高;其次,雨季"四水"及其他环湖水系汇入,同样会挟带大量的泥沙,泥沙多来源于各地肥沃的表土,土壤养分含量丰富,在随径流汇入湖体后还会吸附水体中的营养元素及动植物残骸、碎屑,最终沉积在湖底形成营养物质含量较高的沉积物。另外,由于洞庭湖仅城陵矶一口出流长江,相对于"四水"汇入后的湖体来说,出湖口较窄,加之长江洪水的顶托作用,造成水体流速降低,营养盐易在此沉积,从而导致 6 月的沉积物污染更加严重。

5.2　氮、磷含量空间变化分析

　　洞庭湖 1 月和 6 月沉积物中氮、磷质量比空间分布如图 5.2 和图 5.3 所示。

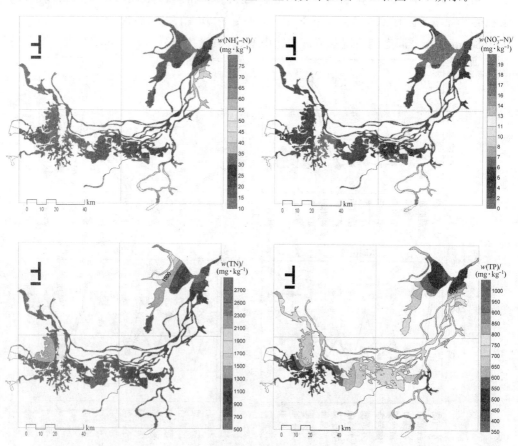

图 5.2　洞庭湖 1 月沉积物中氮、磷质量比空间分布图

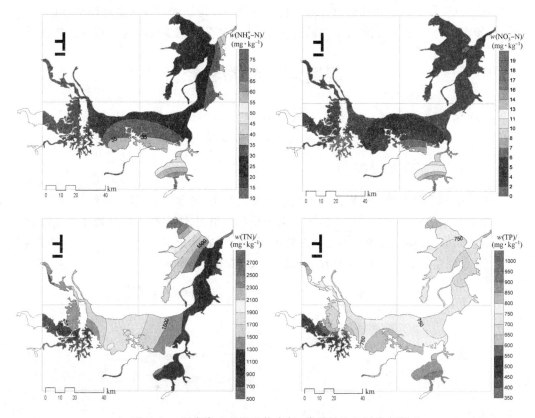

图 5.3 洞庭湖 6 月沉积物中氮、磷质量比空间分布图

从空间分布上看,洞庭湖沉积物中 $w(NH_4^+ - N)$、$w(NO_3^- - N)$、$w(TN)$ 总体呈现由东向西逐渐递减的趋势,其主要原因除人类活动干扰及排污的影响外,还可能与沉积物类型有极大的关系。洞庭湖东部沉积物类型多为泥质砂岩和凝灰质碎屑,西部多为红色砂岩和页岩,东部沉积物颗粒比西部细,而沉积物粒径越细,对营养元素的吸附能力越强,氮和磷的含量则越高,这是东洞庭湖较西洞庭湖沉积物中营养元素含量高的原因之一。其次,东洞庭湖是众水汇入的场所,大量泥沙随水流入湖后,由于断面拓宽,流速减慢,因而均在此沉淤,同时受长江水流顶托影响,进入东洞庭湖的泥沙淤积加重,泥沙夹杂着大量的污染物质,进一步导致东洞庭湖营养盐含量增加。虽然洞庭湖沉积物总体为轻度污染,但局部区域如大小西湖已处于重度污染,其原因是:该点位于东洞庭湖区,该湖区自然资源丰富,人口众多,加之近年来经济的发展,使得湖区的污染进一步加剧;此外,受出湖口水流流速的影响,营养盐的沉积也是导致该点沉积物含量较大的原因之一,特别是大小西湖位于东洞庭湖西北角,另一侧为君山岛采桑湖,此处有大片的自然湿地,生物种类繁多,活动频繁,除鱼类、水生动植物外,每年有大量的候鸟迁徙,生物代谢产生的有机污染物长期在沉积物中积累,造成洞庭湖沉积物污染。 与 $w(NH_4^+ - N)$、$w(NO_3^- - N)$、$w(TN)$ 空间分布规律一致,$w(TP)$ 的湖区分布特征也是东洞庭湖区和南洞庭湖区含量较高,西洞庭湖区含量较低。$w(TP)$ 最高值出现在樟树港(湘江入湖断面),这可能是由于该区域农业较为集中,生活污水及临近的餐饮业等污

染源导致沉积物磷库积累的缘故；此外，由于入湖支流泄洪地带及四水尾闾河滩以冲积土、湖沙泥田为主，泥沙中含有丰富的营养盐，因此部分入湖支流磷含量相对较高。

5.3　洞庭湖沉积物粒径分析

为探究沉积物中氮、磷含量与沉积物粒径大小的关系，本研究采用马尔文2000（Mastersizer2000）粒径分析仪测定洞庭湖各采样点沉积物的粒径。

5.3.1　工作原理及过程

光学中的夫琅禾费衍射理论和米氏散射理论指出，光照射粒子时，光的衍射和散射方向能力与光的波长和粒子尺度有关。当用单色性很强、固定波长的激光作为光源时，波长的影响即可消除，从而基本完全由粒子尺度确定光的衍射、散射方向能力。光散射原理中，大颗粒的散射角小，小颗粒的散射角大，如图 5.4 所示。

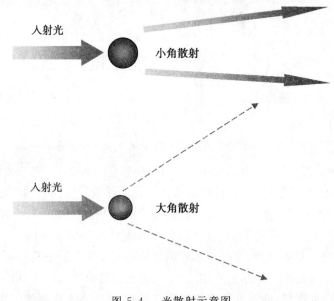

图 5.4　光散射示意图

粒度分析仪光路系统主要由偏振光源（激光光源）、粒子通路和检测系统构成。工作状态下，激光器发出的单色光，经光路变换为平面波的平行光，射向光路中间的透光样品池，分散在液体介质中的大小不同的颗粒，遇光发生不同角度的衍射、散射，衍射、散射后产生的光投向布置在不同方向的分立的光信息接收与光电转换器，光电转换器将衍射、散射转换的信息传给微计算机进行处理，转化成粒子的分布信息。马尔文激光粒度仪就是利用光的衍射和散射原理测量粒子尺寸及大小分布，大颗粒的数据图表现为散射光集中在小角度，小颗粒的数据图则表现为散射光集中在大角度。

5.3.2　粒径分布表示

Mastersizer2000 检测系统被设计成体积相关，即不同粒径、相同体积的颗粒所衍射的光强是相等的,因此粒径分布是体积分布。

平均径、中值粒径、最频值是在统计及粒度分析中常常被用到的三个重要术语。该研究采用中值粒径值 $d(0.5)$ 代表各采样点的粒度大小。中值,也称中位径或 D_{50},这是一个表示粒度大小的典型值,该值准确地将总体划分为二等份,也就是说有 50% 的颗粒超过此值,有 50% 的颗粒低于此值,该值表示了颗粒群的粒度大小。$d(0.1)$、$d(0.9)$ 定义也与 $d(0.5)$ 具有同样意义。

5.3.3 测量结果

实验分析测定了洞庭湖常规 13 个采样点的沉积物的粒径大小与分布,报告给出了每个采样点的 3 个平行样及平均值,结果采用各采样点均值及图谱进行分析。为了便于对照,将颗粒级配曲线点以湖区划分编排,如图 5.5 ~ 5.8 所示。

松软度	孔径 /μm	体积分数 /%	较小 体积数
8	2 000	0.00	100.00
10	1 700	0.00	100.00
12	1 400	0.00	100.00
14	1 180	0.00	100.00
16	1 000	0.00	100.00
18	850	0.00	100.00
22	710	0.00	100.00
25	600	0.00	100.00
30	500		100.00

松软度	孔径 /μm	体积分数 /%	较小 体积数
30	500	0.00	100.00
36	425	0.00	100.00
44	355	0.00	100.00
52	300	0.31	100.00
60	250	0.87	99.69
72	212	1.51	98.82
85	180	2.66	97.31
100	150	3.81	94.66
120	125		90.85

松软度	孔径 /μm	体积分数 /%	较小 体积数
120	125	4.43	90.85
150	106	5.18	86.42
170	90	6.42	81.24
200	75	6.45	74.81
240	63	6.38	68.36
300	53	5.79	61.98
350	45	5.58	56.19
400	38		50.62

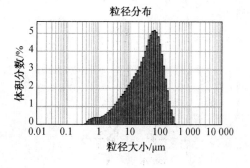

(a) 大小西湖

图 5.5 东洞庭湖区采样点沉积物粒径分布图

松软度	孔径 /μm	体积分数 /%	较小体积数
8	2 000		100.00
		0.00	
10	1 700		100.00
		0.00	
12	1 400		100.00
		0.00	
14	1 180		100.00
		0.00	
16	1 000		100.00
		0.03	
18	850		99.97
		0.25	
22	710		99.72
		0.60	
25	600		99.13
		1.04	
30	500		98.09

松软度	孔径 /μm	体积分数 /%	较小体积数
30	500		98.09
		1.36	
36	425		96.73
		2.11	
44	355		94.62
		2.70	
52	300		91.92
		3.87	
60	250		88.05
		4.43	
72	212		83.62
		5.28	
85	180		78.34
		6.77	
100	150		71.57
		7.40	
120	125		64.17

松软度	孔径 /μm	体积分数 /%	较小体积数
120	125		64.17
		6.87	
150	106		57.30
		6.63	
170	90		50.68
		6.77	
200	75		43.91
		5.61	
240	63		38.30
		4.62	
300	53		33.68
		3.54	
350	45		30.13
		2.94	
400	38		27.19

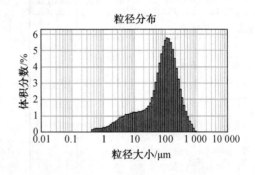

粒径分布

(b) 东洞庭湖

松软度	孔径 /μm	体积分数 /%	较小体积数
8	2 000		100.00
		0.21	
10	1 700		99.79
		0.81	
12	1 400		98.98
		1.18	
14	1 180		97.80
		1.57	
16	1 000		96.23
		1.92	
18	850		94.32
		2.49	
22	710		91.82
		2.59	
25	600		89.23
		2.97	
30	500		86.26

松软度	孔径 /μm	体积分数 /%	较小体积数
30	500		86.26
		2.70	
36	425		83.56
		2.97	
44	355		80.58
		2.72	
52	300		77.87
		2.87	
60	250		74.99
		2.57	
72	212		72.42
		2.58	
85	180		69.84
		3.01	
100	150		68.83
		3.29	
120	125		63.54

续图 5.5

松软度	孔径 /μm	体积分数 /%	较小体积数
120	125		63.54
		3.30	
150	106		60.25
		3.62	
170	90		56.63
		4.42	
200	75		52.21
		4.52	
240	63		47.69
		4.63	
300	53		43.06
		4.37	
350	45		38.69
		4.35	
400	38		34.35

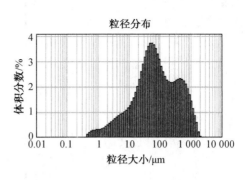

（c）鹿角

续图 5.5

松软度	孔径 /μm	体积分数 /%	较小体积数
8	2 000		100.00
		0.00	
10	1 700		100.00
		0.00	
12	1 400		100.00
		0.00	
14	1 180		100.00
		0.00	
16	1 000		100.00
		0.00	
18	850		99.98
		0.00	
22	710		99.90
		0.00	
25	600		99.74
		0.00	
30	500		99.44

松软度	孔径 /μm	体积分数 /%	较小体积数
30	500		99.44
		0.40	
36	425		99.04
		0.65	
44	355		98.39
		0.91	
52	300		97.48
		1.51	
60	250		95.97
		2.02	
72	212		93.95
		2.82	
85	180		91.13
		4.27	
100	150		86.86
		5.55	
120	125		81.31

松软度	孔径 /μm	体积分数 /%	较小体积数
120	125		81.31
		6.04	
150	106		75.27
		6.73	
170	90		68.54
		7.96	
200	75		60.57
		7.60	
240	63		52.98
		7.08	
300	53		45.90
		6.00	
350	45		39.90
		5.32	
400	38		34.58

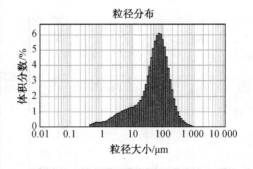

（a）横岭湖

图 5.6　南洞庭湖区采样点沉积物粒径分布图

松软度	孔径/μm	体积分数/%	较小体积数
8	2 000		100.00
		0.00	
10	1 700		100.00
		0.00	
12	1 400		100.00
		0.00	
14	1 180		100.00
		0.00	
16	1 000		100.00
		0.00	
18	850		100.00
		0.04	
22	710		99.96
		0.08	
25	600		99.88
		0.09	
30	500		99.79

松软度	孔径/μm	体积分数/%	较小体积数
30	500		99.79
		0.07	
36	425		99.72
		0.11	
44	355		99.61
		0.35	
52	300		99.26
		1.07	
60	250		98.18
		1.95	
72	212		96.23
		3.23	
85	180		93.00
		5.39	
100	150		87.61
		7.28	
120	125		80.33

松软度	孔径/μm	体积分数/%	较小体积数
120	125		80.33
		7.91	
150	106		72.42
		8.54	
170	90		63.88
		9.55	
200	75		54.33
		8.43	
240	63		45.90
		7.17	
300	53		38.73
		5.51	
350	45		33.23
		4.45	
400	38		28.78

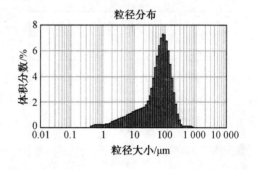

(b) 虞公庙

松软度	孔径/μm	体积分数/%	较小体积数
8	2 000		100.00
		0.00	
10	1 700		100.00
		0.06	
12	1 400		99.94
		0.26	
14	1 180		99.68
		0.68	
16	1 000		99.00
		1.04	
18	850		97.97
		1.64	
22	710		96.33
		2.01	
25	600		94.32
		2.67	
30	500		91.65

松软度	孔径/μm	体积分数/%	较小体积数
30	500		91.65
		2.78	
36	425		88.86
		3.50	
44	355		85.37
		3.66	
52	300		81.70
		4.42	
60	250		77.28
		4.41	
72	212		72.87
		4.76	
85	180		68.12
		5.67	
100	150		62.45
		5.92	
120	125		56.63

续图 5.6

松软度	孔径 /μm	体积分数 /%	较小体积数
120	125		56.53
150	106	5.38	51.15
170	90	5.19	45.96
200	75	5.38	40.58
240	63	4.60	35.98
300	53	3.95	32.03
350	45	3.18	28.84
400	38	2.78	26.07

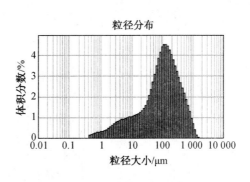

（c）万子湖

续图 5.6

松软度	孔径 /μm	体积分数 /%	较小体积数
8	2 000		100.00
10	1 700	0.00	100.00
12	1 400	0.00	100.00
14	1 180	0.01	99.99
16	1 000	0.10	99.89
18	850	0.32	99.57
22	710	1.04	98.53
25	600	1.88	96.65
30	500	3.17	93.48

松软度	孔径 /μm	体积分数 /%	较小体积数
30	500		93.48
36	425	3.93	89.54
44	355	5.55	84.00
52	300	6.15	77.84
60	250	7.36	70.48
72	212	6.90	63.58
85	180	6.70	56.89
100	150	6.93	49.96
120	125	6.12	43.84

松软度	孔径 /μm	体积分数 /%	较小体积数
120	125		43.84
150	106	4.75	39.09
170	90	4.00	35.09
200	75	3.73	31.36
240	63	3.01	28.35
300	53	2.59	25.76
350	45	2.22	23.54
400	38	2.15	21.39

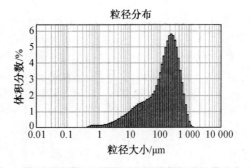

（a）小河咀

图 5.7　西洞庭湖区及洞庭湖出口采样点沉积物粒径分布图

松软度	孔径/μm	体积分数/%	较小体积数
8	2 000		100.00
10	1 700	0.00	100.00
12	1 400	0.00	100.00
14	1 180	0.00	100.00
16	1 000	0.00	100.00
18	850	0.00	100.00
22	710	0.05	99.95
25	600	0.16	99.80
30	500	0.29	99.51

松软度	孔径/μm	体积分数/%	较小体积数
30	500		99.51
36	425	0.31	99.20
44	355	0.36	98.84
52	300	0.36	98.48
60	250	0.55	97.93
72	212	0.85	97.08
85	180	1.48	95.60
100	150	2.77	92.83
120	125	4.33	88.50

松软度	孔径/μm	体积分数/%	较小体积数
120	125		88.50
150	106	5.40	83.09
170	90	6.63	76.47
200	75	8.45	68.02
240	63	8.51	59.51
300	53	8.19	51.31
350	45	7.05	44.26
400	38	6.27	38.00

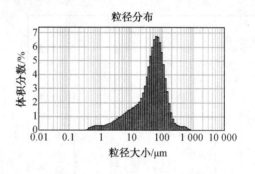

（b）蒋家咀

松软度	孔径/μm	体积分数/%	较小体积数
8	2 000		100.00
10	1 700	0.06	99.94
12	1 400	0.16	99.78
14	1 180	0.23	99.55
16	1 000	0.33	99.22
18	850	0.49	98.73
22	710	0.75	97.98
25	600	0.89	97.10
30	500	1.13	95.97

松软度	孔径/μm	体积分数/%	较小体积数
30	500		95.97
36	425	1.13	94.84
44	355	1.40	93.44
52	300	1.51	91.93
60	250	1.99	89.94
72	212	2.26	87.67
85	180	2.84	84.84
100	150	3.98	80.85
120	125	4.90	75.96

续图 5.7

松软度	孔径/μm	体积分数/%	较小体积数
120	125		75.96
150	106	5.15	70.81
170	90	5.59	65.22
200	75	6.48	58.74
240	63	6.10	52.63
300	53	5.66	46.97
350	45	4.83	42.15
400	38	4.36	37.79

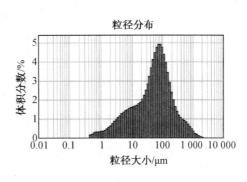

（c）洞庭湖出口

续图 5.7

松软度	孔径/μm	体积分数/%	较小体积数
8	2 000		100.00
10	1 700	0.00	100.00
12	1 400	0.01	99.99
14	1 180	0.05	99.94
16	1 000	0.10	99.84
18	850	0.23	99.60
22	710	0.45	99.16
25	600	0.56	98.60
30	500	0.70	97.90

松软度	孔径/μm	体积分数/%	较小体积数
30	500		97.90
36	425	0.65	97.25
44	355	0.74	96.51
52	300	0.78	95.73
60	250	1.14	94.59
72	212	1.58	93.02
85	180	2.39	90.63
100	150	3.95	86.68
120	125	5.50	81.18

松软度	孔径/μm	体积分数/%	较小体积数
120	125		81.18
150	106	6.26	74.92
170	90	7.13	67.78
200	75	8.51	59.28
240	63	8.07	51.20
300	53	7.42	43.79
350	45	6.16	37.63
400	38	5.34	32.29

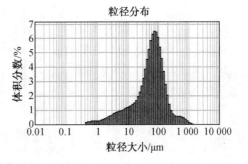

（a）樟树港

图 5.8　洞庭湖入湖河口采样点沉积物粒径分布图

松软度	孔径/μm	体积分数/%	较小体积数
8	2 000		100.00
		0.00	
10	1 700		100.00
		0.01	
12	1 400		99.99
		0.05	
14	1 180		99.95
		0.09	
16	1 000		99.86
		0.20	
18	850		99.66
		0.49	
22	710		99.17
		0.75	
25	600		98.42
		1.20	
30	500		97.22

松软度	孔径/μm	体积分数/%	较小体积数
30	500		97.22
		1.48	
36	425		95.74
		2.20	
44	355		93.53
		2.71	
52	300		90.82
		3.78	
60	250		87.04
		4.25	
72	212		82.78
		5.01	
85	180		77.77
		6.42	
100	150		71.35
		7.09	
120	125		64.26

松软度	孔径/μm	体积分数/%	较小体积数
120	125		64.26
		6.70	
150	106		57.56
		6.63	
170	90		50.93
		7.01	
200	75		43.93
		6.06	
240	63		37.87
		5.24	
300	53		32.62
		4.24	
350	45		28.39
		3.70	
400	38		24.69

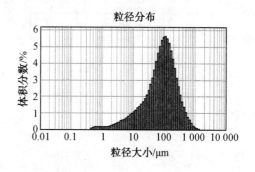

粒径分布

(b) 万家咀

松软度	孔径/μm	体积分数/%	较小体积数
8	2 000		100.00
		0.02	
10	1 700		99.98
		0.04	
12	1 400		99.94
		0.07	
14	1 180		99.87
		0.10	
16	1 000		99.77
		0.11	
18	850		99.66
		0.18	
22	710		99.48
		0.23	
25	600		99.25
		0.29	
30	500		98.96

松软度	孔径/μm	体积分数/%	较小体积数
30	500		98.96
		0.27	
36	425		98.69
		0.33	
44	355		98.36
		0.42	
52	300		97.93
		0.76	
60	250		97.17
		1.20	
72	212		95.97
		1.94	
85	180		94.04
		3.35	
100	150		90.69
		4.85	
120	125		85.85

续图 5.8

松软度	孔径 /μm	体积分数 /%	较小 体积数
120	125		85.85
150	106	5.71	80.13
170	90	6.74	73.40
200	75	8.33	65.06
240	63	8.21	56.86
300	53	7.80	49.06
350	45	6.67	42.38
400	38	5.94	36.44

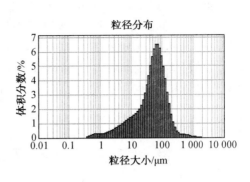

（c）坡头

松软度	孔径 /μm	体积分数 /%	较小 体积数
8	2 000		100.00
10	1 700	0.00	100.00
12	1 400	0.00	100.00
14	1 180	0.00	100.00
16	1 000	0.00	100.00
18	850	0.00	100.00
22	710	0.00	100.00
25	600	0.03	99.97
30	500	0.14	99.83

松软度	孔径 /μm	体积分数 /%	较小 体积数
30	500		99.83
36	425	0.18	99.65
44	355	0.22	99.43
52	300	0.21	99.22
60	250	0.24	98.98
72	212	0.30	98.68
85	180	0.51	98.17
100	150	1.05	97.12
120	125	1.89	95.23

松软度	孔径 /μm	体积分数 /%	较小 体积数
120	125		95.23
150	106	2.71	92.52
170	90	3.79	88.73
200	75	5.59	83.14
240	63	6.55	76.60
300	53	7.36	69.24
350	45	7.39	61.85
400	38	7.66	54.20

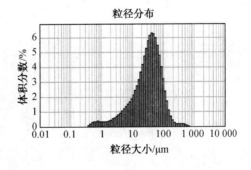

（d）沙河口

续图 5.8

结果显示，东洞庭湖区采样点大小西湖、东洞庭湖、鹿角的中值粒径值 $d(0.5)$ 分别为 37.258、88.445、68.803 μm，湖区粒径均值约为 64.835 μm；南洞庭湖采样点横岭湖、虞公庙、万子湖的 $d(0.5)$ 分别为 58.690、68.748、102.286 μm，湖区粒径均值约为 76.575 μm；西洞庭湖采样点小河咀、蒋家咀的 $d(0.5)$ 分别为 150.171 μm、51.481 μm，湖区粒径均值约为 100.826 μm。粒径均值大小分布整体表现为由东向西逐渐增大的趋势，即西洞庭湖 > 南洞庭湖 > 东洞庭湖。此结果与沉积物中的营养盐含量分布呈负相关，同时也与"沉积物粒径越细，对营养元素的吸附能力越强"相印证。

5.4　本章小结

洞庭湖沉积物中的 $w(TN)$、$w(TP)$ 分布规律基本一致，且差异不显著（$P > 0.05$），但 $w(NH_4^+ - N)$、$w(NO_3^- - N)$ 与 $w(TN)$ 的分布趋势并不完全一致，主要表现为入湖河口含量较高，特别是在湘江入湖断面（H1）处，并且生物可利用性较高的形态（$NH_4^+ - N$、$NO_3^- - N$）占 $w(TN)$ 的比例为 0.83% ～ 8.08%，相对来说较小，而洞庭湖沉积物中有机氮所占比例较大，研究结果与 Kemp 等的研究结果相一致。

（1）洞庭湖沉积物中，$w(TN) = 558.08 \sim 2\,846.51$ mg/kg，平均值为 1 220.47 mg/kg；$w(TP) = 357.74 \sim 998.25$ mg/kg，平均值为 678.97 mg/kg；$w(NH_4^+ - N) = 11.92 \sim 78.12$ mg/kg，平均值为 28.94 mg/kg；$w(NO_3^- - N) = 0.92 \sim 19.37$ mg/kg，平均值为 4.41 mg/kg。

（2）洞庭湖沉积物中氨氮、硝氮、TN、TP 含量的水期特征均表现为 6 月 > 1 月；且在洞庭湖入湖河口断面污染较大；东洞庭湖区污染较西、南洞庭湖区严重。

（3）洞庭湖沉积物粒径大小分布特征表现为由东向西逐渐增大，东洞庭湖区沉积物颗粒最细。

第6章 生态风险评价

6.1 生态风险评价相关概念与发展研究

6.1.1 生态风险评价的相关概念

生态风险是指由生态系统的组成和结构的改变引发了系统的功能损失,而这种组成和结构的改变是由人为或环境变化引起的。

生态风险评价之所以可以作为生态环境风险管理与决策的依据,主要是因为它可以对生态系统和组分的风险源及风险情况进行定量的预测,同时具有一定的系统性。

对生态环境产生不利影响(如湖泊富营养化)的诱发因素统称为风险源。这些因素可能是一种或多种化学、物理或生物的来源,也可能是由压力或干扰产生的,以上都可以具体理解为对风险源的定义。来自环境演变自然发生的情况,如海啸、地震、干旱等,可以称为风险源;由人类活动产生或排放的污染物(如污水,汽车尾气等),以及外来物种的引入等也可以称为风险源。针对风险源的研究较广泛,其中对有毒有害物种,特别是化学物种风险源的研究最为深入。

6.1.2 生态风险评价的发展研究

从环境到生态,再到区域生态,研究范围的不断扩展是生态风险评价的特征和发展历程;从单一到多源,生态风险评价不断探索着新的领域;从局部到区域,生态风险评价拓展到了新的水平,从对风险源演变历程上定义,区域生态风险评价是一种大尺度、多方位、多角度下的全面综合研究体系。

1930年初,环境影响评价的工作主要针对一些重大的、危害性大的意外性事故,是以政策为导向的危害处理处置,主要发生在工业化发达的国家。1970年以后,美国政府加大了对风险评价工作的重视,风险评价逐渐被广泛接受。1990年,美国政府对于风险的概念进行了全新的诠释,生态风险评价概念逐渐考虑生态系统和风险受体的实际情况,并且生态风险评价概念逐渐考虑生态系统和风险受体的实际情况;1992年,美国政府在定义生态风险评价时考虑了生态效益的情况,以及生态效益变差的因素(可能是单一的,也可能是多方面的),这种定义被列入了生态风险评价的框架中,成果主要用于决策环境;自1998年起,生态风险评价定义不断被修改完善,进入了补充内容的重要阶段,特别是2000年美国环保局的研究策略十分强调了对化学复合物的研究,发布了化学复合物健康风险评价的补充导则。大尺度研究与区域相结合,生态与风险相结合,生态风险评价翻开了新的一页。我国是在20世纪80年代开始了对事故风险的重视和研究工作。目前,我国开展的生态风险评价研究均以区域为研究范围,通过建立相应的指标来评价区域生态风险。

6.2　生态风险评价方法

风险评价主要有风险源分析、受体评价、暴露评价、危害性评价及风险表征 5 个步骤。

风险表征是水环境风险评价的综合阶段，采用定性描述、定量比较、专业判断、计算等方法确定风险程度与范围。风险表征方法以定量为主，较常用的是单因子(单一化学污染物)风险定量评价方法，多采用商值法和暴露－反应法。

6.2.1　商值法

商值法也称为比率法，用来确定在某一特定的环境污染水平下，其是否具有生态学的相关意义。通常先确定一个环境指标值(控制含量)以保护受体系统中的特定目标，然后将环境中的污染物含量与控制标准相比较，环境含量如果大于参照含量，即具有潜在的有害影响。在"生态风险标准评价程序"的研究中，利用商值法将环境含量与一系列管理风险指标比较并估计风险，如果环境含量超过管理风险指标，则认为存在风险，需进一步实验。

商值法无法回答风险的等级，为克服这一弱点，有些研究将商值法进行了修改，如将环境含量与参照含量的商值定为有害指数 HI(Harm Index)。根据 HI 值，判别风险等级：当 $HI \leqslant 1.0$ 时，环境受害概率较低；当 $1.0 < HI < 10$ 时，环境可能受影响；当 $HI \geqslant 10$ 时，通常环境受害概率大，要进行现场评价。

相对于其他方法，商值法的费用略低，所需的参数指标及标准容易收集掌握，因此商值法广泛用于优先权和标准的建立。但该方法也有限制因素，如未涉及剂量和反应的有关关系、无法为系统或种群的反应提供预测基础、不能计算出受害的范围和估测接触剂量。另外，间接效应的风险无法用商值法进行评价。

6.2.2　暴露－反应法

生态风险评价的方法众多，其中对于多种目的的评价广泛采用暴露－反应法。该方法尽管在使用范围上不如商值法，但优点较多。对于定量测算某种污染物的暴露含量，暴露－反应法是较好的方法，因为它的反应曲线和模型可以在连续暴露下进行建立，可以得到完整的暴露情景的受体具体情况，具有完整性，可完成例如估测风险等的风险评价。

但这种方法也具有一定的弊端，运用其进行风险评价的主要困难是：由于有毒有害污染物的种类繁多，受体的种类多样，二者组合后的数字巨大，因此，暴露－反应的数据资料不容易获取，需探索新的方法来代替，选择有代表意义的典型受体和适应端点，同时解决从一个生物种或一种化学品(有害废弃物)的实验数据到另一生物种或化学品(有害废弃物)的风险评价外推技术问题。

6.3　洞庭湖沉积物污染状况评价

由于浅水湖泊生态风险主要来源于沉积物泥水界面上表层沉积物与水之间的释放与交换,因此,洞庭湖沉积物污染状况评价研究主要针对表层沉积物污染进行初步评价。由于沉积物中污染物的迁移、转化、生物累积过程及界面过程的复杂性,目前我国还没有国家主管部门颁布的统一的湖泊沉积物基准规范。该研究选取单一因子标准指数法对洞庭湖的沉积物进行风险评价。一般标准指数计算式为

$$S_i = \frac{C_i}{C_s} \tag{6.1}$$

式中,S_i 为单项评价指数或标准指数(当 $S_i > 1$ 时即表示含量已超过评价标准值);C_i 为评价因子 i 的实测值;C_s 为评价因子 i 的评价标准值。

该研究中采用的 TN、TP 的评价标准(1 000 mg/kg 和 420 mg/kg),与 US EPA 制定的沉积物分级标准中沉积物能够引起最低级别生态风险效应的 w(TN) 和 w(TP) 一致。

该研究由计算所得的各采样点 TN 和 TP 的标准指数(图 6.1)可知,洞庭湖各断面沉积物 w(TN) 的标准指数基本均大于 1,可见洞庭湖沉积物中 w(TN) 多数超标,环境质量受氮的污染严重;w(TP) 的标准指数变化均大于或等于 1,说明 w(TP) 水平也较高,尤其入湖支流及东洞庭湖区的 w(TP) 标准指数相对更高,构成了一定的污染。洞庭湖沉积物中 w(TN) 为 558.077 ~ 2 846.508 mg/kg,若按照 US EPA 制定的沉积物分级标准,沉积物达到严重级别生态风险效应的 w(TN) 阈值为 2 000 mg/kg,则洞庭湖沉积物 w(TN) 已具有生态风险效应,处在最低级别和严重级别之间;而 w(TP) 变化范围为 357.741 ~ 998.249 mg/kg,部分高于 420 mg/kg,说明洞庭湖 w(TP) 部分具有生态效应,对环境产生了一定的危害。

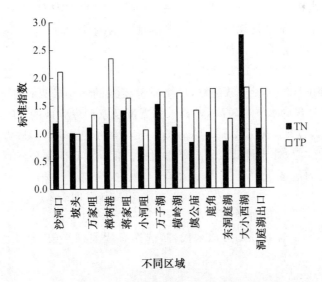

图 6.1　洞庭湖沉积物 TN、TP 标准指数图

本 篇 结 论

本篇以洞庭湖及"四水"入湖支流为研究对象,通过历史数据的收集,分析了洞庭湖近年来水体营养水平的历史变化趋势;通过现场调查配以室内分析测试,从水体、沉积物两方面系统分析洞庭湖氮、磷含量的季节性变化特征、空间分布特征及水体营养状态特征;通过对比长江中下游水华频繁暴发的太湖、巢湖理化指标含量,分析探讨洞庭湖特殊的水文水动力条件与水体营养盐含量的响应关系及洞庭湖水华暴发的主要条件;此外,结合目前现有的相关标准,针对洞庭湖沉积物初步进行了生态风险评价,旨在为进一步研究洞庭湖氮、磷在水—沉积物之间的迁移过程提供数据支持,同时为江湖关系变化下的湖泊水环境效应研究提供参考和依据。本篇得出的主要结论如下:

(1) 洞庭湖水体中,$\rho(TN)=1.35\sim2.98$ mg/L,平均值为 2.34 mg/L;$\rho(TP)=0.02\sim0.22$ mg/L,平均值为 0.06 mg/L;$\rho(NH_4^+-N)=0.03\sim0.68$ mg/L,平均值为 0.27 mg/L;$\rho(NO_3^--N)=0.07\sim0.91$ mg/L,平均值为 0.54 mg/L。沉积物中,$w(TN)=558.08\sim2\,846.51$ mg/kg,平均值为 1 220.47 mg/kg;$w(TP)=357.74\sim998.25$ mg/kg,平均值为 678.97 mg/kg;$w(NH_4^+-N)=11.92\sim78.12$ mg/kg,平均值为 28.94 mg/kg;$w(NO_3^--N)=0.92\sim19.37$ mg/kg,平均值为 4.41 mg/kg。全湖 TLI($\sum$) 平均值为 45.93,已达中营养水平,局部地区已达富营养水平。

(2) 洞庭湖水体、沉积物中氨氮、硝氮、TN、TP 含量的水期特征均表现为 6 月 > 1 月;且在洞庭湖入湖河口断面污染较大;东洞庭湖区污染较西、南洞庭湖区严重;富营养化程度 6 月较 1 月严重。

(3) 洞庭湖水体中 $\rho(TN)$、$\rho(TP)$ 较高,已具备了发生藻华的营养条件,但目前仍未发生大面积蓝藻水华暴发现象,可能还有其他因素的作用,如过水型湖泊特殊的水文水动力条件导致叶绿素含量偏低。

(4) 生态风险评价结果显示,洞庭湖各断面沉积物 TN 的标准指数基本均大于 1,即洞庭湖沉积物中 TN 含量多数超标,环境质量受氮的污染较重;TP 的标准指数变化大于或等于 1,TP 含量水平也较高,尤其入湖支流及东洞庭湖区的 TP 标准指数相对更高,构成了一定的污染。按照 US EPA 制定的沉积物分级标准,洞庭湖沉积物 $w(TN)$ 已出现生态风险效应,处于最低级别与严重级别之间;$w(TP)$ 部分已具有生态效应,对环境产生了一定的危害。

中　篇

环境治理工程对蠡湖氮素的
赋存特征及释放风险

第7章 绪　　论

7.1 概　　论

　　水是人类赖以生存的必要物质之一,江河湖泊则给人类提供了充足的淡水资源,然而当前中国的大多数湖泊都存在着不同程度的富营养化。重度的湖泊富营养化将严重影响人类的正常生活,同时对人类的生命安全造成威胁,导致人们产生恐慌,影响社会的稳定。由于湖泊是自然生态系统中的重要一环,一旦湖泊发生富营养化,自然生态系统内与之相关的各种动植物的正常生存都会受到影响,从而间接地影响人类的生产生活。湖泊富营养化是指湖泊及水库等水体因各种工业及农业的外源而被输入了过量的氮、磷等营养物质,水体内的藻类异常大量繁殖,因而水体透明度下降,溶解氧被藻类大量消耗,导致鱼类、浮游动物及沉水植物大量因缺少氧气及光照而死亡,造成湖泊水质持续恶化,水体发黑发臭,湖泊生态系统和水体的水功能遭到破坏。湖泊富营养化可以分为两个过程:自然富营养化过程和人为干扰富营养化过程。在没有人类干扰的情况下,湖泊富营养化是某些湖泊在漫长的自然演变过程中所发生的一种必定会出现的自然现象。由于这些湖泊是历经数千年甚至数万年才形成的,在漫长的时间中,这些湖泊内部的氮、磷等营养物质必然会随着时间的推移在沉积物及水体中累积越来越多,从而导致湖泊出现由贫营养化向富营养化转变的一个自然演化的过程。该过程是一个十分缓慢的过程,短则需要几千年,长则可能需要上亿年。然而在有人为因素干预的情况下,可能仅仅只需短短数十年甚至数年的时间就可以使一个贫营养化的湖泊变成富营养化的湖泊。在工业革命之后,人类生产生活所排入湖泊中的各类营养物质远超过之前数千年加起来的量,同时人类还进行了各类围湖造田、建坝等涉及湖泊及河流的工程,从而导致湖泊水生态系统遭到严重的破坏,湖泊水体的自净能力大大降低。这也是导致我国富营养化湖泊数量持续增加的原因。

　　我国地域广阔,湖泊总数高达两万多个,大多分布于人口稠密的东部平原和地广人稀的青藏高原地区,总面积达 75 610 km^2。1982—1984 年,我国首次开展了对国内湖泊环境的全面调查,结果发现,我国约有 26.5% 的湖泊处于富营养化状态。到了 2007年,这一数值已经增长到了 53.8%。而仅仅在 15 年间,这个数值几乎翻了一倍。在我国承担了主要供水任务的五大淡水湖均出现了不同程度的富营养化,淡水湖泊中可饮用的淡水资源越来越少。由于湖泊富营养化的问题愈加严重,一些人口稠密地区的湖泊内蓝藻等现象频出,多地无水可饮,严重影响了湖泊周边人民群众的正常生产生活。因此我国开始密切关注湖泊富营养化问题,并积极研究相应的治理对策,欲扭转湖泊富营养化越发严重的这一局面。

　　查阅《2012 年中国环境状况公报》可知,2012 年,在我国重点监控的 62 个国控湖泊

（水库）中，Ⅰ～Ⅲ类水质的湖泊比例为 61.3％；Ⅳ～Ⅴ类水质的湖泊比例为27.4％；而劣Ⅴ类水质的湖泊（水库）比例为 11.3％。在这 62 个国控湖泊中主要超标的污染物为 COD_{Mn}、TP 和 COD。在其他 60 个已经开展监测活动的湖泊（水库）中，除密云水库和班公错外，其中，有 4 个湖泊（水库）已经达到中度富营养状态，占总比例的 6.7％；11 个湖泊（水库）是轻度富营养状态，占总比例的 18.3％；37 个湖泊（水库）尚为中营养状态，占总体比例的 61.7％；只有 8 个湖泊（水库）为贫营养状态，占总体比例的 13.3％（图 7.1）。可见，我国湖泊富营养化形势十分严峻。

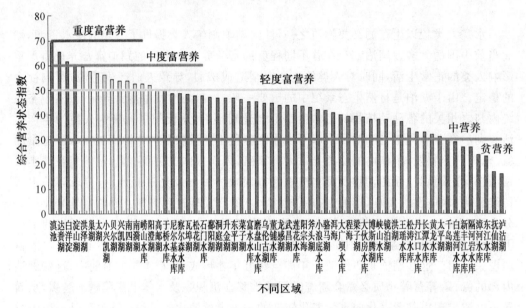

图 7.1　2012 年国控重点湖泊（水库）富营养化状态

　　我国的湖泊富营养化研究大致始于 20 世纪 80 年代，多年来，频发的水污染事件让人们清晰地认识到了湖泊富营养化所带来的危害的严重性。1993 年，太湖第一次发生了规模巨大、覆盖面广及持续时间长的水华事件，这次水污染事故的直接后果就是导致周边一百多家工厂因为缺水而停工，并且整个太湖周边有超过两百万的居民无法得到正常的饮用水供应，造成了不可估量的经济损失。2007 年，由太湖梅梁湾开始再一次爆发了太湖大规模蓝藻事件，这一次太湖水华的全面爆发使得无锡市四百万居民陷入了饮用水危机，停水时间长达十几天之久。当全国各地越来越多的湖泊产生蓝藻、水华等湖泊富营养化导致的水生态灾害时（图 7.2），人们对于湖泊富营养化开始闻声色变，而随着这类富营养化灾害的越发常见，科研工作者们也逐渐对我国湖泊富营养化的成因和控制措施进行了更为深入的研究。

图 7.2　湖泊水体富营养化状况(实景照片)

7.1.1　氮是湖泊富营养化的限制因子

氮是自然界中最重要的基本元素之一,氮元素所参与的物质循环是组成地球生态系统的物质循环过程中最基本的循环之一。在大气中的氮主要是以气体分子氮(N_2)出现的,氮气大约能够占到整个地球空气总量的 78%(体积分数),是空气中含量最多的气体成分。各类有机氮化合物及无机氮化合物(NH_4^+-N、NO_2^--N 和 NO_3^--N)能够通过大气、水体及土壤中的各种微生物及动植物的共同作用而相互转化,构成自然界中的氮循环过程。氮循环包括脱氨作用、硝化作用、脱氮作用和固氮作用。在大量微生物作用下将氨氧化为硝酸的过程称为硝化作用,此过程一般会发生在通气良好的土壤、厩肥、堆肥和活性污泥中,因为这些地方的外部条件十分适合硝化细菌的生存和繁殖。脱氨作用又可以称为氨化作用,其过程也是通过微生物来完成的,当微生物通过进食来分解有机氮化物时会产生大量的氨,这些氨一部分供微生物或微生物寄生的植物自身进行同化作用,另外一部分将会被转变成硝酸盐。脱氮作用也称为反硝化作用,反硝化作用依赖的是一种称为反硝化菌的细菌。反硝化菌在缺氧条件下能够将硝酸盐进行还原,同时释放出一部分的气态氮(N_2)或一氧化二氮(N_2O)。而固氮作用则是氮气分子在生物固氮和非生物固氮两种方式下被还原成氨和其他含氮化合物的过程。在自然界中一般有两种固氮方式,一种称为非生物固氮,另一种则称为生物固氮。其中非生物固氮过程产生的氮化合物十分稀少,因为非生物固氮过程主要是通过高温放电、闪电等作用进行的;而生物固氮作用则是地球大气中将气态分子氮还原成氨的最主要的方式。大气中有 90% 的气态分子氮是通过固氮微生物的作用来实现氮的固定的,它主要是气态分子氮在生物体内被还原成氨的过程。

7.1.2　氮在湖泊中的迁移转化规律

水生态系统在长久以来一直是一个十分复杂、开放式的、并且经常受多种因素影响和控制的生态系统,因此在湖泊的沉积物－水界面上各种氮元素的迁移和转化也同样是一个十分复杂的生物化学过程,科研工作者们花了数十年的时间才初步了解到氮元素在沉积物－水界面的迁移转化规律。由于湖泊水生态系统是一个极其不稳定的生态系统,很多因素都会对其产生恶劣的影响,因而严重影响了湖泊生态系统中上覆水、间隙水及沉积物这三者环境介质之间的各种氮营养盐的含量分布。尤其在我国,由于东部平原地区分布着大量浅水湖泊,而浅水湖泊中沉积物极易受到风浪的影响,倘若天气异常,浅水湖泊上产生大浪,就会导致湖泊底部的表层沉积物发生再悬浮的现象。而且湖泊中的其他水动力作用因素将会更为剧烈地加速这种转化过程,从而间接加剧了湖泊中沉积物和上覆水体这二者环境介质之间的迁移转化频率。在浅水湖泊中,一般沉积物－水界面各种氮化合物所进行的迁移和转换的主要形式是硝化和反硝化作用。沉积物－水界面所发生的硝化和反硝化作用与较深处的沉积物层所发生的硝化及反硝化作用是有十分巨大的差异的,在湖泊中只有表层沉积物内才会发生硝化和反硝化作用,也可以理解为,硝化及反硝化作用一定要在含氧量较高的沉积物层中才能发生。

氨化作用可以在任何条件下进行,但是发生氨化作用的微生物种类不同,会导致氨化作用的强弱不同。沉积物中的氮元素经其中的微生物或沉水植物的矿化作用和氨化作用后,降解为离子态氮化合物,然后会在大量的间隙水中优先进行积累。其中一部分氨氮能够直接迁移进入上覆水体或再次被沉积物中的黏土矿物颗粒吸附沉积到沉积物中,同时造成上覆水的氮污染物含量增加。另外一部分氨氮将会被亚硝化细菌和硝化细菌氧化成亚硝态氮、硝态氮等无机离子从而进入湖泊表层沉积物的间隙水中去,再通过间隙水与上覆水之间的含量差作用扩散到湖泊的上覆水体中,直接增加了湖泊上覆水体的氮污染物含量和湖泊的营养水平。但是值得注意的是,这种扩散是以氨氮为主要存在形式的,在湖泊沉积物－上覆水之间以间隙水作为主要纽带来传输氮元素。而上覆水中的硝氮等物质也能通过一定的反向扩散作用进入更深的湖泊沉积物的厌氧层中去,最后经反硝化作用还原成 N_2O、N_2 等气态形式的氮,逸散进入大气中;同时氮元素又可以通过大气沉降、地表径流输入以及水生动植物残体分解等各种形式将各种形态氮输入水体中,而这些氮形态中又以有机氮为主要存在形态。因水生动植物和微生物的吸附、吸收和降解等作用不能完全去除的有机氮,则在重力沉降及其他作用下再次进入沉积物中,从而形成了大气－水－沉积物中的氮循环(图 7.3)。

7.1.3　氮在沉积物－水界面的迁移转化的影响因素

氮的释放主要与表层沉积物内的氮化合物的氧化分解的速率密切相关,但是同时

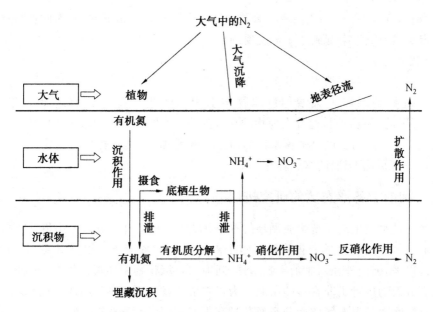

图 7.3　大气－水－沉积物中的氮循环

氮元素的释放也将会受到各种环境因子的影响,主要影响因子如下。

(1)溶解氧。

在湖泊水环境中沉积物－水界面内的氮元素交换能够十分容易地被上覆水中的 DO 所影响。有研究表明,在湖泊上覆水 DO 含量较低时沉积物中氨氮的释放速度将会加快,氨氮的释放量随之加大,导致沉积物向上覆水体释放的氮元素总量增加十分明显,且在上覆水的 DO 含量较低时,DO 与氨态氮呈现出十分显著的非线性相关性。叶琳琳等对瓦埠湖的研究表明,DO 含量在不同的水平下,沉积物中的各形态氮均会向上覆水进行释放,但在不同溶解氧水平下各形态氮的释放速率将会呈现出差异明显的特征。这表明,对于富营养化的湖泊,若能够保持上覆水体中的 DO 处于较高的含量,则可以抑制沉积物向上覆水体释放氮,有助于改善湖泊水体的富营养化水平。

(2)温度。

根据范成新等对骆马湖进行的研究,沉积物内铵态氮的释放速率在温度条件不同的情况下会有十分显著的区别。孙胜龙等对长春南湖沉积物的研究表明,在湖泊水体温度较低的情况下,湖泊水环境中的氮元素不易产生交换,长时间沉积于湖底,沉积物中各形态氮元素含量均较高;而当湖泊水体温度逐渐升高时,湖泊上层与下层水体产生对流,沉积物中的氮元素能够更为容易地释放到上覆水体中,更易使湖泊产生富营养化的状态。可见,湖泊水体的温度对沉积物－水界面的氮元素的迁移转化有着巨大的影响。

(3)pH。

有研究表明,湖泊上覆水体的 pH 处于 3～6 时,上覆水体中总氮含量变化不显著,但随着上覆水体的 pH 逐渐增加,其中的总氮含量也随之增加。由此可以表明上覆水体 pH 的提升可以增加湖泊内氮元素的释放速率,对水体的营养水平产生不利的影响。但当 pH 为 7 时,湖泊内氨氮的释放速率及含量均达到最低水平,因此保持中性水体对稳定水体内氮污染起到了十分重要的作用。

（4）扰动。

张丽萍等对近春湖的水体及沉积物中各氮形态的迁移转化进行研究后发现,经过扰动后的沉积物能够大大增加沉积物向上覆水体进行氮释放的速率。陈振楼、Tengberg 等的研究表明,通过人为扰动导致湖泊沉积物发生再悬浮作用,会导致湖泊中的无机氮从沉积物扩散至上覆水体的通量大幅增加,上覆水体内氮污染物的含量随之增加,从而影响了湖泊的富营养化水平。

7.1.4　　湖泊中各形态氮的研究进展

氮元素是水域生态系统物质循环的重要元素,一个湖泊上覆水体中氮元素的含量及其各形态氮之间的含量变化将会对整个湖泊水生态系统产生十分重要及长远的影响。长久以来,国内外在对湖泊上覆水体、间隙水及沉积物中各形态氮的空间分布和迁移转化等方面均进行了非常多的研究。为了能够更深入地了解湖泊中的上覆水体、间隙水及沉积物中各形态氮空间分布及其赋存形态,从而更好地分析湖泊生态系统中各形态氮的迁移转换规律,为国内在湖泊富营养化方面的治理提供更为准确的科学依据,从而达到控制国内湖泊富营养化状况持续恶化的现状,我国的科研工作者们针对湖泊水环境中的各形态氮的分布及迁移转化规律开展了大量的研究工作,尤其在上覆水－间隙水－沉积物之间的各形态氮迁移转化方面做出了非常大的贡献。王秋娟、袁旭音等对太湖北部三个大湖区内的上覆水、间隙水和沉积物中的各形态氮含量进行了研究,研究表明,上覆水、间隙水及沉积物中各形态氮之间存在相互转换的关系。范成新等对太湖间隙水及沉积物内各形态氮的空间分布及垂直分布情况进行了研究,发现在太湖水环境里表层 10 cm 内沉积物中的总氮含量比下层沉积物内的总氮含量高了 12% ～ 20%。冯峰等在对武汉东湖水体内的沉积物中各形态氮的垂向分布进行研究时发现,东湖沉积物内 pH 与上覆水中 pH 差异十分显著,沉积物的 pH 明显小于上覆水中的 pH,pH 随沉积物深度增加而降低。可见我国科研工作者对湖泊上覆水体、间隙水和沉积物中营养盐的空间分布及垂直分布已经有了十分深入的研究,并且取得了十分显著的科研成果,为我国今后在湖泊富营养化方面的治理提供了理论依据。

7.1.5　　沉水植物在生态修复中的作用

湖泊水生态系统中的沉水植物,尤其是大型沉水植物在对保持水生态系统内各种氮形态循环平衡以及富营养化湖泊的修复中起到了十分重要的作用。湖泊产生富营养化状况导致水生态系统持续退化的重要标志之一就是湖泊内的大型沉水植物逐渐灭绝。当湖泊内的沉水植物灭绝后,在水生生态系统中以其为食的浮游植物就会大量地异常繁殖,同时湖泊水体内的 DO 含量急剧下降,导致湖泊内的浮游动物,底栖动物以及鱼类等水生动物逐渐死亡,破坏了水生态系统的结构,使得水生态系统中的生物多样性被破坏,最终严重影响湖泊水生态系统的稳定性。

大型沉水植物是水生态系统的重要组成部分之一,是湖泊水生态系统中最重要的初级生产力,其可以通过光照进行光合作用合成一定的营养物质,为生态系统中的下级食物链提供营养物质,以维持水生态系统的平衡。沉水植物同时也是水生物多样性赖以维持的基础,沉水植物不但可以为浮游动物提供栖息及繁殖的场所并保护它们不受掠食者的威胁,同时也可以为湖泊内鱼类及陆地的鸟类提供栖息及繁殖的场所。沉水植物对湖泊水环境所做的贡献主要可以归纳为以下几个方面:(1) 吸收水体营养盐;(2) 提高水体氧含量;(3) 提高水体透明度;(4) 固定沉积物,减少再悬浮;(5) 抑制藻类生长。另外,一些沉水植物还能分泌克藻物质,抑制藻类的生长。因此,对于一个浅水富营养化的湖泊,恢复大型水生植物特别是沉水植物,是湖泊水生态系统重建的关键因素之一。

7.2　研究目的及工作思路

7.2.1　课题来源

本课题来源于国家水体污染控制与治理科技重大专项,太湖富营养化控制与治理技术及工程示范项目 —— 太湖新城湖滨流域水质改善与生态修复综合示范(2012ZX07101—013)。

7.2.2　研究内容及思路

本研究以蠡湖为研究对象,将蠡湖划分为 A、B、C、D 四个湖区,并于 2012 年秋季(10 月)及 2013 年冬季(1 月)、春季(4 月)、夏季(7 月)四个季度分别对蠡湖四个湖区中的水体及表层沉积物进行样品的采集和分析,通过对上覆水体中各形态氮含量的分析了解蠡湖上覆水体中各形态氮的空间分布及时间变化;通过对表层沉积物中各形态氮的检测分析,了解蠡湖沉积物中各形态氮的水平分布;通过对蠡湖表层沉积物中氨氮及硝氮扩散通量的研究,了解氮在湖泊沉积物－水界面的迁移转化过程。同时对蠡湖湖区和周边河道的污染状况进行评估及划分,确定了蠡湖需要对严重氮污染区域进行水生态植被修复的工程范围,旨在为蠡湖后续治理措施提供较为科学且可靠的数据,为城市湖泊的富营养化治理提供理论依据(图 7.4)。

7.2.3　研究目的和意义

湖泊富营养化是我国现阶段的重大环境问题之一。近年来,我国逐渐加大了对富营养化湖泊治理的资金及科技投入。由于湖泊的水环境拥有多样性及复杂性等诸多特性,因此,我国多数湖泊产生富营养化问题,其关键原因是高氮磷污染物的含量无法降低。

蠡湖作为太湖伸入陆地而形成的城市湖泊,是一个典型的受人类活动影响,由清水草型到浊水藻型,而后生态环境逐步恢复的实例。它不仅是长三角地区的旅游胜地,更是无锡市的重要水源。20 世纪中期,为了发展经济,大量渔民在蠡湖周边围湖养殖导致蠡湖水面面积大大缩小,且由于蠡湖是一个典型的城市湖泊,其换水周期较长

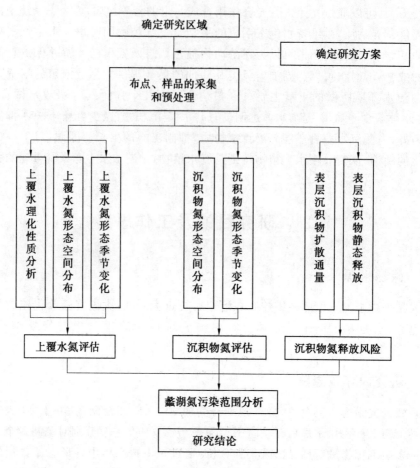

图 7.4　技术路线图

（400 d），导致湖内各种污染物无法排出，而水体交换滞后是导致蠡湖水体水质逐年恶化并迅速演化为重度富营养化的主要原因。本书在对蠡湖水质与生态环境进行调查的基础之上，结合收集和整理的历史资料，通过对比水环境治理工程前后 10 年水质和水生态数据，探讨水环境综合治理措施对蠡湖水生态环境的改善效果，以期为进一步深入开展蠡湖生态修复工作提供依据，也对其他同类湖泊水环境治理具有广泛的指导意义。

第8章 研究区域概况及实验方法

8.1 研究区域概况

8.1.1 地理位置

蠡湖位于东经119°13′12″至119°17′11″,北纬31°29′54″至31°32′50″之间,地处我国江苏省无锡市区西南部,是太湖北部紧邻无锡市的一个湖湾,距离市中心区10 km,形状类似葫芦。蠡湖东西长约6 km,南北宽0.3～1.8 km,正常水位时湖体周长约21 km,面积约8.6 km²,湖底高程0.5～1.5 m,属于城市浅水湖泊。蠡湖经梁溪河闸、五里湖闸及支流与梅梁湖贯通,通过曹王泾、长广溪等分别与京杭大运河、贡湖相连接,湖周围还有一些小河及断头浜,是一个既相对独立又与太湖相连通的水体,以宝界桥为界,分为东蠡湖和西蠡湖。

8.1.2 气象状况

蠡湖所处的无锡地区位于北亚热带,属季风、湿润气候,四季分明,雨水充沛,光照充足。夏季盛行东南风季风,天气晴热;冬季有冷空气入侵,多偏北风,寒冷干燥;春、秋季为风向过渡的季节。年平均气温15.4 ℃,极端最高气温37.7 ℃,极端最低气温－8.0 ℃。平均年降水日数125 d,年降水量1 112.3 mm,蒸发量920 mm。年内降水量及蒸发量分布不均匀,5～9月的汛期雨量占年平均降水量60%以上,蒸发量占全年蒸发量的50%。蠡湖湖区3～8月的主导风向为东南风,10月～次年2月的主导风向为西北风,多年平均风速为3.0 m/s。

8.1.3 水文状况

蠡湖附近的代表性水位站,主要有位于梅梁湖的犊山闸站和无锡南门站,据统计,犊山闸站多年平均水位3.17 m,多年平均最高日均水位3.64 m,多年平均最低日均水位2.87 m。五十年一遇设计洪水位4.53 m,蠡湖正常蓄水位3.30 m左右,常年水位3.07 m,平均水深1.80 m,相应库容约1 800万 m³。

8.1.4 地貌

蠡湖周边地势平坦,除东侧少量丘陵外,其余三侧均为平原地带,地面高程一般在黄海高程3.20 m左右。

蠡湖湖底的沉积物主要以粉(砂)质黏土为主,尤其蠡湖表层沉积物中又以粉砂级土质为主,而黏粒及砂级所占比例较低。在环境治理工程实施清淤前,蠡湖湖底的淤泥普遍存在于湖区的各个区域,且平均淤泥厚度达到 0.6～0.8 m。自从 2003 年以来,由于无锡市政府在蠡湖实施了大规模的环境治理工程,诸如生态清淤、湖滨带整治,以及周边的景观改造等,因此目前蠡湖湖区内淤泥的分布发生了很大的变化,而蠡湖水体及沉积物中的各项理化性状及氮污染物的含量等也均有了很大的改变。

8.1.5　水系特征

蠡湖环湖水系隶属于无锡市滨湖区,按照无锡市的地形特点,可由东到西分成锡南、蠡湖及梅梁湾三个片区。滨湖区水系东连京杭大运河,西靠梅梁湖,南通太湖,北接梁溪河,形成一个闭合的水系体系。南北向主干河道有蠡溪河、骂蠡港、长广溪、蠡河、庙桥港,东西向主干河道有梁溪河、陆典桥浜、曹王泾、南大港、板桥港、大溪港。目前与蠡湖相连通的周边河道上均建有控制水闸。蠡湖北面河道及西南侧山丘区河道以入湖为主,东南侧河道以出湖为主,平时总体流速均很小,水体流动性相对不大。当遇暴雨洪水时,蠡湖可通过节制闸、梅梁湖泵站等向太湖排水,缺水时又能从太湖引水,具有一定的调节作用。

蠡湖由河道闸门控制入湖河段及支浜较多,包括小渲河、陆典桥浜、丁昌桥浜、蠡湖中央公园河、陈大河、长桥村浜、蠡溪河、蠡湖公园河、连大桥浜、庙泾浜、水居苑河、蠡湖泰德新城河、骂蠡港、曹王泾、金城湾浜、北祁头河、蠡湖大桥公园河、威尼斯花园河、张庄港河、江南大学河、长广溪、长广村河、袁家湾河、蠡盛桥河、太湖虹桥花园河、太湖花园度假村河、鼋头渚公园河等,各河道基本情况详见表 8.1。

表 8.1　蠡湖主要入湖河道基本情况

河道	长度/km	底高程/m	底宽/m
小渲河	1.2	1.5	18
陆典桥浜	1.6	1.5	4
丁昌桥浜	2.6	1.5	15
蠡湖中央公园河	1.3	1.6	4
陈大河	2.2	1.6	6
长桥村浜	0.87	1.6	4
蠡溪河	2.2	1.5	14
蠡湖公园 1 号河	0.34	1.6	4
蠡湖公园 2 号河	0.43	1.5	4
连大桥浜	1.46	1.5	10
庙泾浜	1.4	1.5	17
水居苑河	0.4	1.5	4
蠡湖泰德新城河	1.303	1.5	4
骂蠡港	3.5	0～1	35

续表8.1

河道	长度 /km	底高程 /m	底宽 /m
曹王泾	6.46	0.5～1	5～15
金城湾浜	0.87	1	6
北祁头河	2.62	1	4
蠡湖大桥公园河	1	1	4
威尼斯花园河	2.8	1	4
张庄港河	2.3	1	6
江南大学河	7.62	1	4
长广溪	9.2	0.5	8～15
长广村河	1.16	1.5	4
袁家湾河	0.55	1.5	4
蠡盛桥河	0.36	1.5	4
太湖虹桥花园河	0.5	2	4
太湖花园度假村河	0.16	2	4
鼋头渚公园河	0.26	4	4

8.1.6　水生生物调查

　　根据调查,蠡湖周边河流及湖泊浮游藻类共 6 门 26 属,其中蓝藻门 8 属,硅藻门 3 属,绿藻门 10 属,裸藻门和隐藻门各 2 属,甲藻门 12 属。藻类平均数量为 286 万个 /L,种类最多的是绿藻,数量最多的是蓝藻。蠡湖浮游植物群落的绝对优势种为微囊藻,占总数的 94％。

　　浮游动物主要有原生动物、轮虫、枝角类、桡足类等几类。原生动物的优势种为砂壳虫、似铃壳虫;轮虫以龟甲虫为优势;枝角类以秀体蚤、裸腹藻为优势;桡足类以广布中剑蚤为优势。

　　底栖动物分布较少,主要有水丝蚓、淡水壳菜等。由于蠡湖进行过综合整治工程,因此湖内底栖动物的数量和分布都较少。

　　蠡湖内的鱼类目前以耐污泥底栖鱼类为主,如鲫鱼、鲢鱼、鲤鱼等,另外还有一些经济价值不高的杂鱼。

　　蠡湖在 20 世纪末期污染越发严重,湖内的水生生态系统和生物多样性已经受到了相当程度的破坏,部分地区甚至出现污泥裸露。在进行综合整治工程后,水生态系统恢复仍较为缓慢,其中水生植物以竹叶眼子菜、黑藻、苦草等耐污品种为主。

8.1.7　流域社会经济状况

　　蠡湖位于太湖北部,是梅梁湾伸入无锡市的一个湖湾,是一个小型的城市湖泊,其流域覆盖了无锡市城区的绝大部分面积及小部分下属县。

无锡市是长三角地区较为发达的城市之一,据统计,2020 年无锡市国民经济和社会发展计划目标为:地区生产总值增长 6.5% ~ 7%;一般公共预算收入增长 4.5% 以上;规模以上工业增加值增长 7.5% 以上;规模以上固定资产投资增长 6% 左右,其中规模以上工业投资增长 7.5% 左右;社会消费品零售总额增长 8% ~ 8.5%;外贸进出口实际使用外资 36 亿美元左右;全社会研发经费支出占 GDP 比例达到 2.95% 以上,高新技术产业产值占规模以上工业总产值比例达到 46% 以上;居民消费价格涨幅控制在 3.5% 以内;城乡居民人均可支配收入与经济增长同步;城镇登记失业率控制在 4% 以内,城镇新增就业 12 万人以上;单位 GDP 能耗降低 3% 左右。

蠡湖所处的无锡市滨湖区,不仅是著名的中国古代吴文化发源地,也是中国近代民族工商业和当代乡镇企业的发源地之一。近年来,无锡市在蠡湖周边区域陆续投入大量资金,规划建设了以园林景观为主要特色、占地面积高达 3.0×10^5 m^2 的蠡湖风景区。风景区以蠡湖地区深厚的文化底蕴为基础,以江南园林的独特造诣为特色,结合现代园林艺术,相继修复了蠡湖公园、中央公园、渤公岛生态公园、水居苑、蠡湖大桥公园、长广溪湿地公园、宝界公园、管社山庄等 10 个具有完整游览要素的公园,以及长广溪湿地科普馆、西堤、蠡堤、蠡湖展示馆 4 处参观游乐景点。

无锡市在城市规模向特大城市发展的过程中,城市建设重心已逐渐向蠡湖流域转移。根据《无锡市城市发展总体规划》,无锡市在蠡湖流域建设了一个融自然环境与人文环境于一体的人口达 30 万左右的山水城 —— 蠡湖新城。规划建设用地 20 km^2,2002 年启动建设的 6 km^2 蠡湖新城,空间布局形态为以太湖大道和青祁路交汇处为中心的环形放射状,建筑高度由北向南依次降低,体现了从高密度、大尺度开发的城市景观到自然形态的清晰转变。

8.1.8 曾实施过的环境治理工程

从 2002 年起,无锡市蠡湖办在完善各类规划设计的前提下,科学有序地组织实施了污水截流、生态疏浚、退渔还湖、生态修复、湖岸整治和环湖林带建设、动力换水和水位调控六大工程,以及新城"三环三射"路网等基础设施工程、山体石宕覆绿、沿湖开放公园及文化工程等。经过综合治理,蠡湖水面面积由原来的 6.4 km^2 增加到 9.1 km^2,西蠡湖区域水生植被的覆盖率、湖水能见度以及生态系统的净化能力和稳定性得到提高。据监测,蠡湖高锰酸盐达到 Ⅲ 类水质标准,总磷指数达到 Ⅳ 类水质标准,总氮和富营养化指数总体呈下降趋势。

无锡市政府于 2002 年 10 月开始实施蠡湖综合整治工程,主要包括:① 污水截流。铺设截污干管 75 km,支管 67 km,每天截流污水约 5.5×10^4 t 后进入污水处理厂。② 生态疏浚。疏浚总面积 5.7 km^2,平均清淤厚度 0.5 m,共清淤 248×10^4 m^3。③ 退渔还湖。采取干塘清淤施工方案,累计清理鱼塘、围堰 2.2 km^2,挖运土石量 225.5×10^4 m^3,将蠡湖的水面面积从原来的 6.4 km^2 扩大到 9.1 km^2。④ 生态修复。以国家"863"太湖水污染控制与水体修复技术及工程示范项目为载体,结合基底修复,进行挺水植物、浮叶植物、沉水植物的重建与稳态调控,共修复面积 0.98 km^2。同时从 2006 开始,在全湖投放螺、蚌、蚬等 600 多 t,鲢、鳙鱼苗 550 万尾。⑤ 湖岸整治和环湖林带建设。对蠡湖 36 km 长的岸线进行整治,累计搬迁沿湖企业 289 家、拆迁建筑面积 35.6×10⁴ m²;搬迁住宅 1 860 户、拆迁建筑面积 32.1×10⁴ m²;建设环湖生态林 331.4×10⁴ m²。⑥ 动力换水和水位调控。在梅梁湾、蠡湖与梁溪河交界处建设 50 m³/s 泵站 1座,进水闸 2 座,出水闸 2 座,加快水体交换,改善蠡湖和城市内河水环境。2007 年蠡湖水质显著好于周边水体后,结合污水截流工程建设的 11 座节制闸,对蠡湖与梅梁湾的水流交换实施闸控,保持蠡湖常年高水位,防止周边污水流入、渗入。

8.1.9　面临的主要环境问题

(1) 蠡湖水质需要进一步改善。在经历诸如环境治理措施后,蠡湖的水质正在缓慢的恢复中。由于 A、B 两区经历了大面积清淤及生态修复工程且这两个区域周边大多为公园场所,因此水质保持较好;而 C 区的南部及 D 区的东部周围有大量的居民区及学校,人类活动较为频繁,导致水质仍然较差。

(2) 由于自 2003 年开始对蠡湖周边的河道均进行了闸控和封堵,因此河道水体交换能力极差,各类生活污染排入河道无法流出,使河道内氮污染十分严重。而对于一个自然水体来说,湖区与周边河道应该是一个整体,湖泊与河流贯通时才能形成一个完整的水生生态系统。

(3) 目前蠡湖湖区内的水生生物品种较单一,尤其是水生植物数量较少。在蠡湖水体中沉水植物是整个湖泊生态系统中最关键的一环,倘若沉水植物过少,将会直接导致蠡湖生态系统的崩溃。因此恢复沉水植物将是蠡湖近几年的核心目标。

8.2　样品的采集与分析

8.2.1　采样点的布设

在蠡湖及其出/入湖河口共布置 64 个采样点,分别于 2012 年秋季(10 月),2013 年冬季(1 月)、春季(4 月)、夏季(7 月)采集上覆水和沉积物样品,并用 GPS(全球定位系统)进行定位导航,采样点位置如图 8.1 所示。

为了便于分析和讨论,以蠡堤、宝界桥和蠡湖大桥为边界,将蠡湖划分为 A、B、C、D四个区域。A 区为退渔还湖区,原有大量鱼塘,污染严重,采用干湖清淤的方式去除了污染沉积物,平均清淤厚度 1 m,部分区域开展了水生植被重建;B 区为综合整治前的西蠡湖,在该区的西北部开展了沉积物环保疏浚,在两边沿岸开展了水生植被重建工程;C 区以宝界桥和蠡湖大桥为界,实施了沿岸整治工程,并建有长广溪湿地;D 区为蠡湖"东出口区",沿岸居住小区较多。

8.2.2　样品的采集

分别于 2012 年秋季(10 月),2013 年冬季(1 月)、春季(4 月)、夏季(7 月)在蠡湖及其周边河口处采集样品。在一年的采样期间里一共布设了 64 个采样点,其中有 46 个

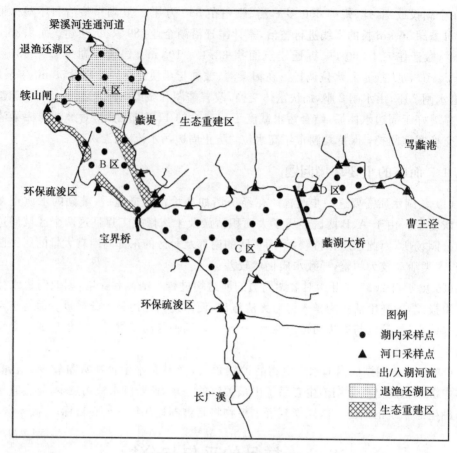

图 8.1　蠡湖采样点分布图

采样点分别设置在蠡湖的 4 个湖区内,并将这 46 个采样点记为湖区样点;其余 18 个采样点布设在蠡湖的周边河口处,并将这 18 个采样点记为河口样点。每次采样的同时用柱状采样器(04.23 BEEKER,Eijkelkamp,NL)采集蠡湖表层 2 cm 的沉积物样品,每个沉积物采样点需采集 4 个平行样现场混匀,在进行初步的筛选后将沉积物装入密封袋中并在袋外侧进行标记。同时用虹吸管收集柱状采样器采集距沉积物表层 0.5 m 处的水样作为上覆水样品,现场使用快速水质测定仪进行温度、DO、SD 和 pH 等理化指标的测定等。水样及沉积物样品均置于 2～8 ℃ 保温箱中保存,并在 48 h 内进行水样分析测试。

　　于 2013 年 10 月在蠡湖湖区 4 个区域中分别选取 3 个特征采样点,用柱状采样器采集未扰动沉积物,每个样点采集泥样厚度不小于 20 cm。采集的柱状样上端保留原样点的水样,两端用橡皮塞塞紧后垂直放置,小心带回实验室,用于沉积物－水界面氮释放实验。同时用抓泥斗采集该点位的表层沉积物,用于间隙水的提取及沉积物的氮含量测定。在每个采样点用采水器距沉积物 20 cm 处采集上覆水,用于氮释放实验,并用多参数水质测定仪现场测定采样点的水温、溶氧及 pH,利用赛氏盘测定水体透明度。

8.2.3　样品的预处理

上覆水样品：将采集的上覆水样品用 0.45 μm 的滤膜进行过滤，取滤液测试溶解性总氮（DTN）、硝氮和氨氮含量，同时另取一份未经过滤的上覆水样测试总氮含量。

间隙水样品：首先将新鲜沉积物装入离心管中，在 5 000 r/min 的转速下离心 10 min，取上清液，用 0.45 μm 的滤膜过滤得间隙水，分析测定过滤后间隙水中的溶解性总氮、硝氮和氨氮含量。

沉积物样品：将新鲜的沉积物进行粗筛，弃去杂物，沉积物样品经真空冷冻干燥后研磨、过 100 目（0.149 mm）的筛子，用于测定沉积物中的总氮及其他各氮形态。

8.2.4　样品的分析测试

1. 水温、pH、氧化还原电位(Eh) 和溶解氧(DO)

采用便携式多参数水质分析仪（ProPlus，维赛公司，美国）现场测定水温、pH、Eh 和 DO，直接读数并记录。

2. 叶绿素 a(Chla) 的测定

取 100 mL 水样，经醋酸纤维膜抽滤。取出滤纸，于冰箱内低温干燥 6～8 h 后，放入组织研磨器中，加入少量碳酸镁粉末及 2～3 mL 丙酮，充分研磨。随后，离心（4 000 r/min）10 min，将上清液移入 10 mL 具塞比色管中，重复 1～2 次后，用丙酮定容至 10 mL，混匀。用紫外分光光度计比色（λ = 750、663、645、630 nm）。将所得吸光度代入式(8.1) 后，计算出 Chla 的含量。

$$\rho = \frac{[11.64 \times (A_{663} - A_{750}) - 2.16 \times (A_{645} - A_{750}) + 0.1 \times (A_{630} - A_{750})] \cdot V_1}{V \cdot \delta}$$

$$(8.1)$$

式中，ρ 为上覆水中 Chla 的质量浓度，mg/m^3；V 为水样体积，mL；V_1 为提取液定容后的体积，mL；A_λ 为吸光度值；δ 为比色皿光程，mm。

3. 上覆水及间隙水中各形态氮的测定

蠡湖上覆水及间隙水中的总氮及溶解性总氮的质量比采用碱性过硫酸钾氧化—紫外分光光度法测定，硝氮的质量比采用紫外分光光度法测定，氨氮的质量比采用纳氏试剂分光光度法测定，测定方法参见《沉积物质量调查评估手册》和《水和废水监测分析方法》。

4. 沉积物中各形态氮的测定

沉积物中的 TN 质量比采用半微量凯氏定氮法进行测定，沉积物中氮形态参照国内其他氮形态分级提取方法，将沉积物中氮的形态分为游离态氮（FN）、可交换态氮（EN）、酸解态氮（HN）及残渣态氮（RN）。沉积物中氮形态的特征、提取步骤及各指标的测定方法见表 8.2。

表 8.2　沉积物中氮形态的测定方法

步骤	氮形态	提取步骤	指标及测定方法
第一步	游离态氮 (FN)	取鲜沉积物，5 000 r/min 离心 15 min，过 0.45 μm 滤膜	$w(NH_4^+-N)$ 采用纳氏试剂比色法测定；$w(NO_3^--N)$ 采用紫外分光光度法测定；$w(FTN)$ 采用碱性过硫酸钾氧化法测定；$w(DON)=w(FTN)-w(NH_4^+-N)-w(NO_3^--N)$
第二步	可交换态氮 (EN)	取 2 g 沉积物样品，加入 20 mL 2 mol/L 的 KCl 振荡 2 h，过 0.45 μm 滤膜	$w(NH_4^+-N)$ 采用纳氏试剂比色法测定；$w(NO_3^--N)$ 采用紫外分光光度法测定；$w(ETN)$ 采用碱性过硫酸钾氧化法测定；$w(SON)=w(ETN)-w(E-NH_4^+-N)-w(E-NO_3^--N)$
第三步	酸解态氮 (HN)	称取第二步残渣 1 g，用 6 mol/L 的 HCl 120 ℃ 封管水解 24 h，调 pH 至 6.5±0.2	$w(AN)$ 采用纳氏试剂比色法测定；$w(AAN)$ 采用茚三酮比色法测定；$w(ASN)$ 采用 Elson-Morgen 法测定；$w(HTN)$ 采用碱性过硫酸钾氧化法测定；$w(HUN)=w(HTN)-w(AN)-w(AAN)-w(ASN)$
第四步	残渣态氮 (RN)	取第三步残渣，用浓硫酸、加速剂催化测定	$w(RN)$ 采用凯氏定氮法测定

注：FTN——游离态总氮；DON——溶解性有机氮；ETN——可交换态总氮；E-NH₄⁺-N——可交换态氨氮；E-NO₃⁻-N——可交换态硝氮；AN——酸解铵态氮；AAN——酸解氨基酸态氮；ASN——酸解氨基糖态氮；HTN——酸解态总氮；HUN——酸解未知态氮。

5. 沉积物中各形态氮静态释放含量的测定

野外采集的原柱样运回实验室后，立即用虹吸法小心抽去柱状样上层水样，经过滤去除藻类及悬浮物后沿管壁缓缓加入原沉积物柱样中，以不扰动沉积物表面为要求，水柱高度 30 cm，所有采样管均垂直放入已恒定在采样时温度的恒温培养器中，蔽光敞口培养。每次取样用注射器在液面下 20 cm 处抽取水样。取完水样后再沿管壁缓慢补充相同数量经过滤的上层水样。每次取 50 mL 水样，用纳氏试剂比色法分析氨氮 (NH_4^+-N)。取样时间按照 3,6,12,24,36,48,72 h 共 7 次进行，沉积物中各形态氮静态释放速率 R 计算如下。

$$R=[V(c_n-c_0)+\sum_{j=1}^{n}V_{j-1}(c_{j-1}-c_a)]/A\times t \qquad (8.2)$$

式中，R 为释放速率，mg/(m²·d)；V 为柱中上覆水体积，L；c_n、c_0、c_{j-1} 为第 n 次、初始和第 $(j-1)$ 次采样时某物质的质量浓度，mg/L；V_{j-1} 为第 $(j-1)$ 次采样体积，L；c_a 为添加原水后水体中某物质的质量浓度，mg/L；A 为柱样中沉积物-水界面接触面积，m²；t 为释放时间，d。

全湖释放量计算公式为

$$W = \sum_{j}^{n} \sum_{i}^{n} r_{ij} A_j \Delta t_i \times 10^{-3} \tag{8.3}$$

式中,W 为全湖氮的释放总量,t/a;r_{ij} 为第 j 区域内的沉积物在 i 温度下的释放速率;A_j 为 j 区域所代表的面积,km^2;Δt_i 表示 i 温度下所代表的时段。

6. 沉积物中各形态氮扩散通量的测定

沉积物－水界面扩散通量计算公式为

$$F = -\varphi D_s \frac{\partial c}{\partial x} \tag{8.4}$$

式中,F 为分子扩散通量,$mg/(m^2 \cdot d)$;φ 为表层沉积物的孔隙度;D_s 为考虑了沉积物效应的实际分子扩散系数,cm^2/s;$\frac{\partial c}{\partial x}$ 为上覆水－沉积物界面 $NH_4^+ - N$ 的含量梯度(用表层沉积物间隙水含量与上覆水含量差估算求得),$mg/(L \cdot cm)$。D_s 与 φ 之间的经验关系式为

$$D_s = \varphi D_o (\varphi \leqslant 0.7) \tag{8.5}$$
$$D_s = \varphi^2 D_o (\varphi > 0.7) \tag{8.6}$$

其中,D_o 为营养盐在无限稀释溶液中的理想扩散系数,对于 $NH_4^+ - N$ 及 $NO_3^- - N$,D_o 分别取 19.8×10^{-6} cm^2/s 和 19.0×10^{-6} cm^2/s。

7. 数据处理

游离态氮质量比的计算公式为

$$Q = c \frac{\varphi}{1 - \varphi} \tag{8.7}$$

式中,c 为间隙水中各形态氮的质量浓度,mg/L;φ 为含水率,%。

所有指标均同时检测 3 个平行样品,去除误差较大(误差 > 5%)的结果后,取检测结果的平均值用于之后的数据分析。每 10 组样品间插入 1 组沉积物标准品(GSD－4a)进行准确度检验。

所得实验数据经 Excel 2010 和 SPSS 17.0 软件检验、统计并做适当处理后,用 Origin 8.0 和 ArcGIS 9.3 进行分析并绘图。

第9章　蠡湖水体各形态氮时空分布特征

氮元素是湖泊水生态系统中最重要的营养元素之一,氮元素可以通过硝化、反硝化及氨化等作用参与到水生态系统中的各种循环中。且氮元素能够以多种形式参与水体中的多种生物过程,并能与大气发生交换,因此氮元素也是湖泊水体内初级生产力的关键限制性因素之一。

上覆水是湖泊生态系统中最重要的组成部分之一,也是湖泊富营养化污染最直观的体现者,因此分析蠡湖上覆水中的各形态氮的含量能够更好地了解蠡湖氮形态的变化及其水体中氮的赋存和分布,对于理解湖泊生态系统中氮的环境影响具有重要的意义。

本章主要对2012年秋季至2013年夏季4个季度中蠡湖的上覆水体进行了各种氮形态的分析,分析了采取各形态氮时在蠡湖的空间分布及其在不同季节的时间分布特征,探究了不同湖区各种氮形态的季节性变化及其赋存特征,有助于了解湖泊生态系统中氮的生物地球化学循环过程,同时可以更深入地认识疏浚、植被重建等生态修复措施对湖泊中氮形态分布的影响,可以为富营养化城市湖泊内氮污染的控制提供科学依据。

9.1　蠡湖上覆水体中各理化指标的分布特征

由图9.1可知,蠡湖上覆水中的pH为7.46～9.37,平均值为8.11,总体为中性偏碱性水平。在蠡湖各区域中pH变化较为平稳,各区域之间差异性不显著。这可能是由于蠡湖水域面积较小,且总体水质状况较好的缘故。蠡湖上覆水中DO质量浓度为7.40～13.90 mg/L,平均值为9.72 mg/L。在空间分布上,DO呈现由西向东逐渐增加的趋势。上覆水体中的Eh为−31.55～185.40 mV,平均值为53.24 mV,其中C区

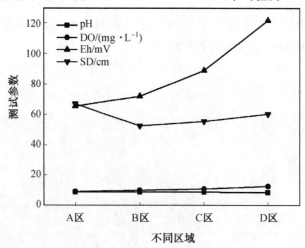

图9.1　蠡湖上覆水基本理化指标

和 D 区的 Eh 相比其他两区域大,且呈现由西向东逐渐变大的趋势。SD 为 29.00 ～ 83.00 cm,平均 52.40 cm,各区域差异明显,A 区周边旅游景点较多,靠近鼋头渚,风浪较小,故此区域透明度相较于其他区域稍高。

9.2　蠡湖上覆水体中各形态氮的空间分布

由图 9.2 可见,蠡湖湖区各点位水体 TN 平均质量浓度为 1.38 mg/L,介于 0.74 ～ 2.43 mg/L 之间,TN 含量在蠡湖上覆水各样点之间的差异性较为显著,全湖 4 个区域中 C 区 TN 质量浓度均值最高,达到 1.45 mg/L,显著高于 B 区(平均值为 0.90 mg/L)($P < 0.01$)。全湖 DTN 与 TN 质量浓度在空间分布上十分相似($R = 0.678, n = 46, P < 0.001$),DTN 平均质量浓度为 1.01 mg/L,介于 0.64 ～ 1.95 mg/L

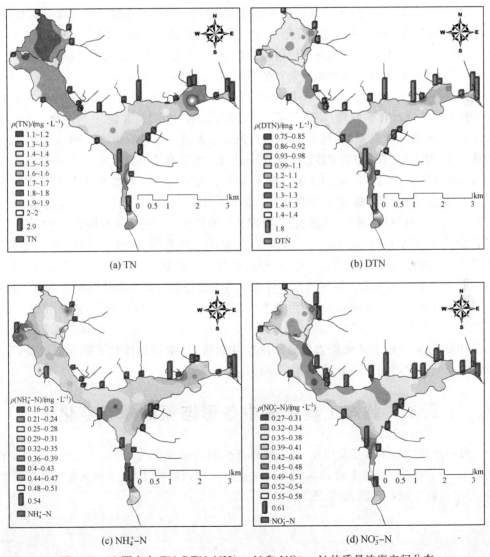

图 9.2　上覆水中 TN、DTN、$NH_4^+ - N$ 和 $NO_3^- - N$ 的质量浓度空间分布

之间。$NH_4^+ - N$质量浓度较小,平均质量浓度仅为 0.16 mg/L。$NO_3^- - N$平均质量浓度为 0.38 mg/L,介于 $0.27 \sim 0.93$ mg/L 之间。所有蠡湖采样点中,在 TN 中占主导地位的可溶性无机氮形式为 $NO_3^- - N$,且上覆水中 TN 的质量浓度与 $NO_3^- - N$ 的质量浓度呈显著正相关($R = 0.696, n = 46, P < 0.001$)。由此可以得知在蠡湖上覆水中 $NO_3^- - N$ 质量浓度的变化可能决定着 TN 质量浓度的变化。根据研究发现,蠡湖湖区内上覆水中 TN 污染较为严重,尤其是 D 区 TN 的质量浓度远超过湖区均值。在蠡湖上覆水中各形态氮的污染为自西向东依次增加的趋势。

环湖河口总氮分布趋势与湖区相似,且河口处测得的总氮值显著高于湖区,A、B、C、D 各区河口均值分别为 1.23、0.97、2.26、2.65 mg/L,分别是对应湖区水体的 1.19、1.07、1.80、1.38 倍。其中 D 区东部的水居苑、骂蠡港及 C 区南部长广溪、威尼斯花园附近河口水体中总氮含量高于 5.0 mg/L,达到了湖区均值的 4 倍以上,是 B 区均值的 6.54 倍。自 2003 年以来,大规模的沉积物疏浚及封闭式保护、水深调控等方面的原因,导致蠡湖周边的河道大都通过闸控等手段与蠡湖湖体隔断,与蠡湖水体间的直接交换不多,但由于蠡湖周边区域地下水位较高,河道与湖体之间营养盐交换很难彻底切断。由此可知,蠡湖周边河道的面源污染对蠡湖水质的潜在威胁非常大。

根据《地表水环境质量标准(GB 3838—2002)》中对于水体 TN 的标准限值来对蠡湖水体的 TN 进行评估发现,蠡湖 B 区水质最好,为 Ⅲ 类水质;A 区、C 区次之,为 Ⅳ 类水质;而 D 区的水质最差,达到 Ⅴ 类水质。但是蠡湖的总体水质相较于 20 世纪 90 年代时的劣 Ⅴ 类水质(TN 的质量浓度为 7.17 mg/L)已经有了十分明显的改善,且蠡湖水体的 TN 比治理后(2.52 mg/L)又下降了 46%。尤其是 A 区在 2003 年进行环保疏浚后测得上覆水中 TN 的质量浓度为 1.52 mg/L,远远低于进行生态重建的 B 区 2.90 mg/L。但根据本研究数据表明,蠡湖 B 区水体中 TN 的质量浓度为 0.90 mg/L,显著小于 A 区的 1.21 mg/L。产生此现象的原因可能是环保疏浚工程能够一次性将蠡湖 A 区污染严重的淤泥进行清理,在极短的时间内控制蠡湖 A 区的内源释放,从而提高了 A 区的水质状况。但在进行环保疏浚后未能控制外源污染持续输入 A 区,且 A 区在进行环保疏浚后水深较大,不利于水生态系统中沉水植被的修复,最终导致 A 区内水体 TN 污染缓慢地回到之前的污染水平。而 C 区和 D 区大部分区域并未实施治理工程,但经过对这两个区域周边河道的闸控及封堵,其水质也得到了明显的改善,TN 质量浓度分别比治理前降低了 73% 及 61%。

9.3　蠡湖上覆水体中各形态氮的季节变化

蠡湖水体中氮季节变化明显,各采样点 TN 的质量浓度为 $0.74 \sim 4.93$ mg/L,平均为 1.35 mg/L。总体来看,TN 的质量浓度自东向西依次递减,呈现东蠡湖高于西蠡湖、沿岸区高于湖心区的趋势(图 9.3)。

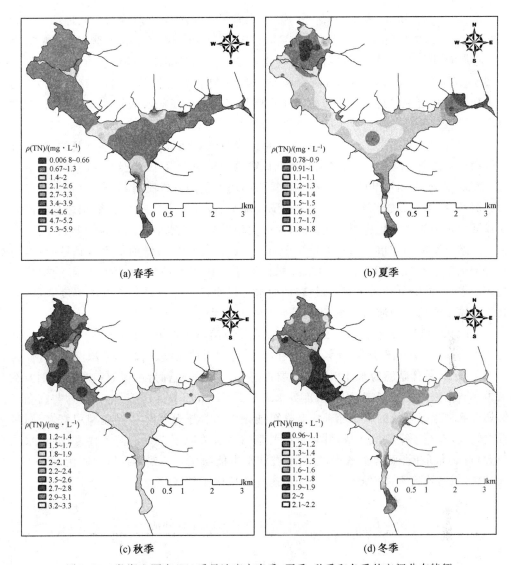

图 9.3　蠡湖上覆水 TN 质量浓度在春季、夏季、秋季和冬季的空间分布特征

通过分析表明,上覆水中 TN 空间分布差异性显著($P < 0.01$),其中 D 区的质量浓度最大,全年平均质量浓度为 1.62 mg/L,属于 V 类水;其次是 C 区,全年平均质量浓度 1.46 mg/L,满足 Ⅳ 类水质标准;A 区和 B 区最小,全年平均质量浓度分别为 1.15 mg/L 和 1.17 mg/L,属于 Ⅳ 类水质。不同季节蠡湖水体 TN 质量浓度的空间分布特征也不相同,春季 TN 质量浓度的高值区主要分布在威尼斯花园河、长广溪出湖河口处。鼋头渚公园河及宝界桥附近高值区水质处于 Ⅳ 类。夏季和冬季 TN 质量浓度的高值区都主要集中在长广溪及蠡湖东出口的骂蠡港、水居苑河、金城湾河等出湖河口处,这些区域的水质基本处于 Ⅳ ～ Ⅴ 类水质,而其他区域水质处于 Ⅲ ～ Ⅳ 类水质。秋季上覆水 TN 大部分区域水质处于 Ⅳ ～ Ⅴ 类,不同分区水质差别明显,其中在 A 区和 B 区水质基本处于 Ⅳ 类,而在 C 区和 D 区水质全部差于 Ⅳ 类,在个别点位水质甚至达到了劣 Ⅴ 类。

水体中 TN 质量浓度在春季、夏季、秋季和冬季分别为 1.09、1.19、1.66、1.26 mg/L,其中秋季 TN 质量浓度较高,属于 Ⅴ 类水体;而冬季和春季 TN 质量浓度较低,满足 Ⅲ ～ Ⅳ 类水质标准,尤其是春季的 A 区和 B 区,平均质量浓度仅为 1.00 mg/L 和 0.90 mg/L,已经符合地表水质 Ⅲ 类水质标准(图 9.3)。这可能是因为 A 区和 B 区已开展的退渔环湖工程和生态修复工程清除了湖底表层大量的浮泥,有效地降低了沉积物再悬浮而产生的悬浮物的量;并且在渤公岛附近区域,已建立起了一个水生植物较为完整的生态系统,在春季菹草已成为绝对优势种且有自然恢复的迹象,沉水植物对水体起着"过滤"、消浪和抑制沉积物再悬浮的作用,因此春季氮的含量相对较低。而夏季,蠡湖周边的园林、绿地建设需要施用大量的有机肥料、尿素、复合肥及各种杀虫剂,这些化肥、农药等将有一部分会随着降水、地表径流等进入蠡湖;加之夏季高温导致沉积物中的氮矿化速率加快,在风浪的扰动下会导致水体中总氮含量升高。秋季,由于蠡湖浮游植物和水生植物大量死亡而产生的残体开始腐解而产生絮状悬浮物,同时由于水生植物"过滤"、消浪、抑制沉积物上浮的作用的消失,水体中氮含量持续升高。冬季,水体中鱼类活动减弱,且较低的水温使水体中悬浮颗粒物的溶解度降低,有利于水体中的悬浮颗粒物沉积,进而使水体中总氮含量降低。

从图 9.4 可以看出,蠡湖中的各形态氮主要以溶解态形式存在,DTN 占 TN 的比例为 35％ ～ 99％,平均为 77.98％,尤其在春季,水体中溶解态氮的质量浓度最小,仅为 0.89 mg/L,并且硝氮为水体中氮的主要形态,占 TN 的比例为 47％;但在秋季,颗粒态氮为水体中氮的主要形态,质量浓度为 0.683 mg/L,占 TN 的比例为 41％,这与蠡湖仍然处于藻型生态系统的状态相呼应。这可能是因为春季藻类生长优先利用氨氮,同时释放氧气,有利于硝氮的生成,并且近岸菹草的生长吸收了大量的溶解性氮,导致水体中 DTN 含量最低;而到了秋季,浮游藻类和水生植物死亡的残体在风浪的扰动下产生大量悬浮物,导致水体中氮,尤其是颗粒态氮质量浓度升高。

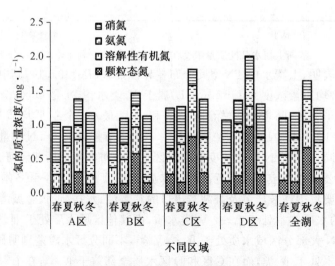

图 9.4　蠡湖水体中各形态氮质量浓度的季节变化

9.4　本章小结

（1）从空间分布上看，蠡湖水体 TN 的质量浓度为 1.38 mg/L，介于 0.74 ～ 2.43 mg/L 之间。总体来看，TN 质量浓度自东向西依次递减，呈现东蠡湖高于西蠡湖，沿岸区高于湖心区的趋势。

（2）从季节分布上看，蠡湖水体中 TN 质量浓度的季节性差异显著，其中 TN 的质量浓度在春季、夏季、秋季和冬季分别为：1.09、1.19、1.66、1.26 mg/L，秋季 TN 的质量浓度显著高于其他季节。

（3）从年际上看，水体中的 TN 近 15 年来一直维持在较高的质量浓度水平上，总体趋势为先升高后稳定最后下降。2003 年开始，随着蠡湖综合整治工程的实施，水体中氮的质量浓度开始下降，尤其是 2010 年以后，水体中 TN 的质量浓度在 1.27 mg/L 左右波动，基本维持在 Ⅳ 类水质标准。

（4）水体中氮主要以溶解态为主，DTN 占 TN 的比例为 35% ～ 99%，平均为 77.98%，在 DTN 中又以 $NO_3^- - N$ 为主，约占 DTN 的 48%。

第10章　蠡湖沉积物中各形态氮的时空分布

湖泊沉积物在一个自然的湖泊生态系统中是历史的见证及记录者,沉积物内的信息包含了这个湖泊生态系统历经数千年甚至数万年演变的历史。在一个已经产生富营养化的湖泊中,沉积物(尤其是表层沉积物)还是营养物质(氮或磷)的主要储存场所,因此湖泊沉积物能够产生十分巨大的内源负荷,加重湖泊的富营养化程度。

当沉积物吸收大量的氮污染物,产生巨大的内源负荷并成为湖泊污染物的"源"时,在湖泊内溶解氧充足的条件下沉积物中的有机氮化合物可经过矿化作用,生成氨氮、硝氮等无机离子,其中一些未能被微生物同化和吸收的无机离子通过扩散作用进入上覆水体,便提高了水体中氮营养盐的含量;而以各种形式进入上覆水体中的氨氮及硝氮等无机离子也能够通过一定的反向作用再次沉积到沉积物中,在沉积物中持续累积,导致沉积物成为上覆水体氮污染物的"汇"。在一系列的氮循环过程中,氮元素主要以氨氮的形式存在;同时氨氮尤其是非离子态氨(NH_3)对鱼类及水生生物具有很大的生物毒性作用。因此,分析蠡湖上覆水中各形态氮在沉积物与水体中的物质交换规律,能够了解沉积物中营养盐在沉积物－上覆水之间进行迁移转化的规律,同时也能更好地了解沉积物－上覆水系统中氮循环及其环境影响的依据。本章主要研究蠡湖沉积物中的氮在沉积物－水界面的释放作用,以期为控制蠡湖富营养化提供一定的科学依据。

10.1　蠡湖表层沉积物中 TN 的空间分布

由图 10.1 可见,蠡湖表层沉积物中 TN 的质量比介于 341.4 ~ 2 306.0 mg/kg 之间,平均值为 1 187.9 mg/kg,已经远远低于 2003 年综合治理工程实施前 TN 的质量比(1 860 mg/kg),整个蠡湖 TN 的高值区域集中在 C 区南部及 D 区的东部,尤其是 D 区北祁头附近的采样点,其 TN 的质量比高达 2 405.3 mg/kg,远超过其他样点,且是整个湖区均值的 2.21 倍。而 A 区和 B 区 TN 质量比的平均值仅分别为 815.3 mg/kg 和 1 089.5 mg/kg,分别是治理前的 0.44 倍和 0.58 倍。对比文献可以发现,相较于治理工程实施后的 A 区(692 mg/kg)、B 区(1 195 mg/kg),经过环保疏浚后的 A 区沉积物内 TN 质量比短期降低十分明显,但仅单一的环保疏浚措施无其他后续措施跟进,A 区的沉积物中的 TN 质量比在经历数年后仍有上升的趋势。而 B 区沉积物中的 TN 质量比则因进行了生态重建,而使其内部的水生植物依靠自生的氮循环作用将沉积物及水体的 TN 质量比维持在一个相对稳定的水平。对比 US EPA 中关于沉积物 TN 的标准限制可以看出,蠡湖 A 区表层沉积物整体处于清洁状态,B 区及 C 区整体处于轻度污染状态,而 D 区整体处于重度污染状态。

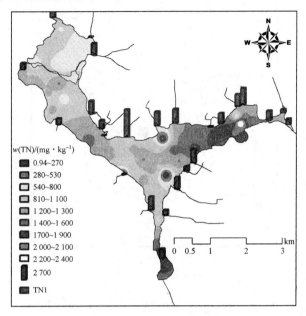

图 10.1　表层沉积物中 TN 质量比的空间分布

环湖河口各采样点测得表层沉积物 TN 质量比的变化范围为 601～5 341 mg/kg,平均值为 1 939.7 mg/kg。由图 10.1 可以看出,蠡湖周边的环湖河口沉积物中 TN 值较高的区域主要分布在 C 区北部、南部及 D 区东部,其中双虹园河采样点 TN 的质量比最高,达 5 341 mg/kg,是湖区均值的 4.9 倍。环湖河口总氮污染居高不下的主要原因可能是:蠡湖环境治理工程实施后,虽然大部分环湖河道均已通过闸控与湖区分开,但暴雨时仍可将污染物冲刷至湖区,致使环湖河口区域总氮含量较高。

10.2　蠡湖表层沉积物中各形态氮的空间分布

10.2.1　沉积物中游离态氮的空间分布特征

蠡湖沉积物中游离态氮(FN)的空间分布特征如图 10.2 所示。

蠡湖间隙水中 F—TN 的质量比为 1.05～7.08 mg/kg,平均值为 3.59 mg/kg,各采样点 F—TN 存在显著的区域性分布特征,其中 C 区南部及 D 区东部显著高于其他区域。F—NH_4^+—N 的质量比与 F—TN 的质量比分布相似($R=0.948, n=46, P<0.001$),F—NH_4^+—N 的质量比为 0.51～5.94 mg/kg,平均值为 2.45 mg/kg。F—NO_3^-—N 的质量比较小,平均值仅为 0.45 mg/kg。这可能是因为在一个水体交换相对缓慢的城市湖泊中,其沉积物间隙水是一个相对厌氧的环境,并且在厌氧条件中 NH_4^+—N 不能在硝化作用下完全转化为 NO_3^-—N,所以 NH_4^+—N 会以较高含量存在于表层沉积物中。F—DON 的质量比为 0.26～6.12 mg/kg,平均值为 2.36 mg/kg。研究表明,DON 是湖泊生态系统氮循环的重要组成部分之一,DON 在氮的矿化、固持、

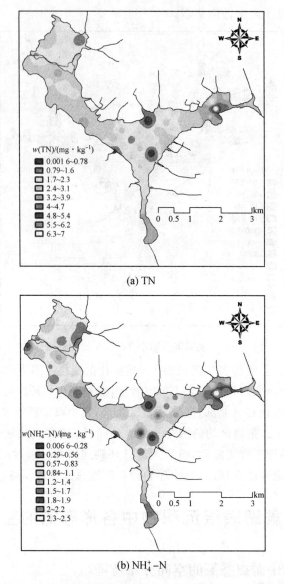

(a) TN

(b) NH₄⁺-N

图 10.2　表层沉积物中 FN 各组分质量比的空间分布

淋溶和植物吸收等动态过程中均起着重要作用,是整个湖泊沉积物的有机氮中最活跃的组分。由图 10.2 可以看出,蠡湖间隙水中 F−NH₄⁺−N 是沉积物中 FN 的主要成分,占 FN 的比例为 54%,尤其是 C 区南部更是达到了 84%;其次是 F−DON,占 FN 的比例为 38%,因此蠡湖间隙水中 F−TN 的变化可能是由 F−NH₄⁺−N 决定的。在蠡湖湖区的间隙水中 TN 污染较为严重,其污染趋势大致为自西向东逐渐增加,即 D 区 ＞ C 区 ＞ A 区 ＞ B 区。

10.2.2　沉积物中可交换态氮的空间分布特征

沉积物中的 EN 是可以被湖泊初级生产力直接进行利用的重要氮源之一,同时 EN

也是沉积物－水界面之间交换最频繁的氮形态,对于整个湖泊生态系统而言,EN 具有十分重要的地位。蠡湖沉积物中 EN 各组分质量比的空间分布特征如图 10.3 所示。

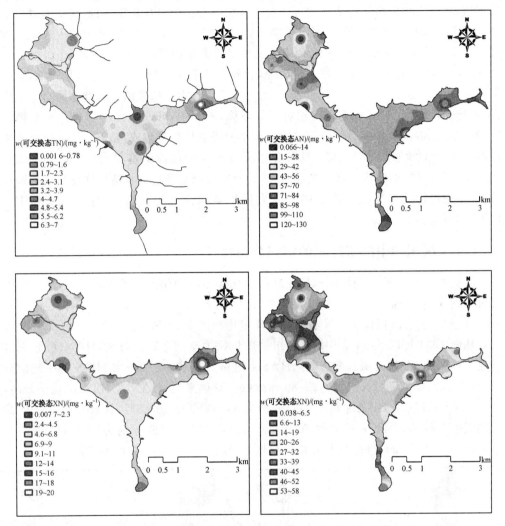

图 10.3　表层沉积物中 EN 各组分质量比的空间分布

蠡湖沉积物中 E－TN 质量比为 31.47～126.06 mg/kg,平均值为 65.20 mg/kg,污染较为严重的区域为 D 区北祁头及 C 区南部江南大学附近的河口处,质量比较小的点主要集中在 A 区及 C 区中部。C 区南部、D 区东部采样点 E－TN 和 E－NH$_4^+$－N 质量比较高,原因可能是治理工程主要分布在 A 区及 B 区,而 C 区、D 区未实施大范围的治理工程,导致整个 D 区的沉积物中 E－TN 的污染程度相对其他 3 个区域较重。EN 以 NH$_4^+$－N 为主,E－NH$_4^+$－N 质量比为 9.58～79.25 mg/kg,平均值为 28.95 mg/kg,占 E－TN 的 45.33%;SON 次之,质量比为 31.47～126.06 mg/kg,平均值为 65.20 mg/kg,占 E－TN 的 42.37%。由于沉积物中的 NH$_4^+$－N 是通过有机质经矿化作用而形成的,并且可以在间隙水和沉积物之间进行频繁的交换作用,因此,沉积物中的 E－NH$_4^+$－N 是整个沉积物各形态氮中最为“活跃”的部分。与未疏浚前相比（65.46 mg/kg），本研究中的 E—NH$_4^+$—N 质量比相对较小，导致这种现象的原因可能是经过疏浚后，蠡湖表层沉积物中以可交换形式存在的氮直接减少，而经过沉水植物修复后，植物又可以将沉积物中的可交换态氮快速合成为自身物质，从而间接地减少了蠡湖中 E—NH$_4^+$—N 的含量。对沉积物中的 E—NH$_4^+$—N 与间隙水中的 F—NH$_4^+$—N 和 E—TN 进行相关性分析得出，两者之间均呈显著正相关（$R=0.648, P<0.01, n=46; R=0.712, P<0.01, n=46$）。与其他形态氮相比，E—NO$_3^-$—N 的含量较低，全湖平均值仅为 8.02 mg/kg，仅占 E—TN 的 12.30% 左右。这是因为蠡湖水体自净能力差，水体交换缓慢，其沉积物也为相对厌氧环境，不利于 NO$_3^-$—N 的形成。可交换态 DON 主要由游离氨基酸、氨基糖、尿素以及小分子有机酸等组成，是 E—TN 的重要组成部分，在氮的矿化、固持及其迁移转化中占有重要的地位。蠡湖表层沉积物中 E—DON 占 E—TN 的比例较高于其他研究，其原因可能是经过沉水植物修复及鱼类调控后，蠡湖中植物及鱼类死亡产生的残体大量积累在表层沉积物中，导致沉积物 E—DON 含量偏高。

10.2.3　沉积物中酸解态氮的空间分布特征

沉积物中的 HN 是湖泊沉积物在进行矿化作用后产生的一类氮形态，HN 主要以有机氮的形式存在，其中主要可鉴别的有机化合物是 ASN、AAN、AN，还有一些 HUN。蠡湖表层沉积物中 HN 各组分的质量比如图 10.4 所示。

从图 10.4 可以看出，蠡湖 HN 各组分质量比的空间差异性较大，HAN（酸解态氨态氮）、HAAN（酸解态氨基酸态氮）、HASN（酸解态氨基糖态氮）和 HUN 的平均值分别为 364.00、265.53、14.43 和 127.80 mg/kg。总体来说，HAN 占 HTN 的比例最高，为 47.17%；其次是 HAAN 和 HUN，分别为 34.41% 和 16.56%，HASN 所占比例最小，仅为 1.87%。HTN 在蠡湖 A、B、C、D 四区域的平均值分别为 616.33、736.96、843.94 和 814.71 mg/kg，空间分布呈 C 区＞D 区＞B 区＞A 区的特征。

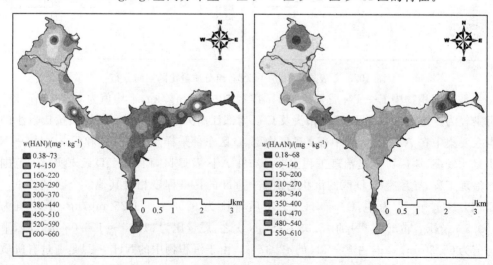

图 10.4　表层沉积物中 HN 各组分质量比的空间分布

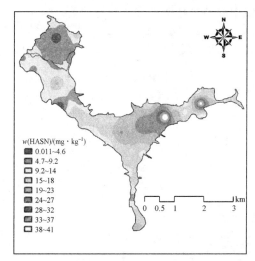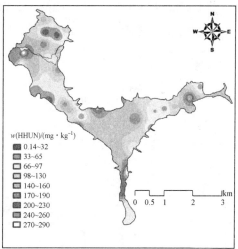

续图 10.4

AN 作为重要的可利用氮源,可直接被初级生产力吸收利用,因此 AN 在沉积物的氮循环中起到了十分重要的作用。HAN 质量比为 153.59 ～ 659.56 mg/kg,平均质量比为 364.00 mg/kg,根据相关性分析,其与 HTN 呈显著正相关($R=0.884, n=46, P<0.01$)。HAN 的来源十分复杂,部分来源于沉积物中固定态氨($NH_4^+ - N$ 被镶嵌在 2 : 1 型黏土矿物晶层中)的释放,部分来源于水解过程中蛋白质的降解作用,部分来源于某些氨基酸特别是天门冬氨酸、谷氨酸、含硫氨基酸及氨基糖的脱氨基作用,还有部分来源于酰胺类化合物的分解。HAAN 占 HTN 的比例为 17.00% ～ 54.33%,平均值为 33.83%。HAAN 是可交换态氮的重要来源之一,作为可鉴别的含氮化合物之一,其主要来源于有机物质中的蛋白质和多肽,因此 HAAN 的质量比受有机质及其组分的影响。HASN 的质量比为 5.01 ～ 41.27 mg/kg,平均值为 14.43 mg/kg。研究表明在高等植物中具有少量的氨基糖,氨基糖主要存在于微生物的细胞中,其主要成分是葡萄糖胺氮,其次是乳糖胺氮,这两种胺之和几乎就是氨基糖氮量。HUN 的组成结构较为复杂,主要是以非 a－氨基酸、N－苯氧基氨基酸态氮和嘧啶、嘌呤等杂环氮以及少量的脂肪胺和芳胺等形式存在的氮。蠡湖沉积物中 HUN 占 HTN 的平均比例为 17.38%,与 H－HTN 也呈显著正相关($R=0.404, n=46, P<0.01$)。

10.2.4　沉积物中残渣态氮的空间分布特征

蠡湖沉积物中非酸解态氮(NHN)的质量比为 21.21 ～ 736.71 mg/kg,平均值为 245.77 mg/kg。其中 D 区北祁头河附近采样点 NHN 的质量比最大,A 区 NHN 的质量比平均最小(170.35 mg/kg),RN 在空间分布上呈自西向东依次增加的趋势,即 D 区＞C 区＞B 区＞A 区。

由图 10.5 可以看出,蠡湖从各形态氮占 TN 的比例来看,HN 最大,平均占 72.19%;其次是 RN,平均占 22.91%;EN 最小,仅为 6.10%。 同时发现,用凯氏半微量法测得的总凯氏氮(TKN)质量比略小于用连续提取法测得的总提取态氮(TSEN)质量比,TSEN 与 TKN 的平均比值为 0.91,这一部分损失可能是由于提取 EN 时将离心后的上清液进行过膜及 HN 放入高温烘箱中酸解时盐酸部分挥发导致的。

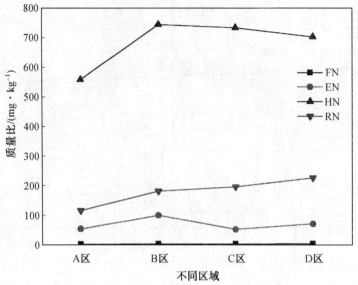

图 10.5　蠡湖沉积物中 FN、EN、HN 和 RN 的空间分布特征

蠡湖沉积物中各形态氮差异十分显著:从质量比上可以看出,HN 质量比最高,其次是 RN,FN 质量比最小;从组成成分上看,EN 以无机氮为主,占其总量的 44.39%,有机氮占 EN 总量的 43.81%。与王圣瑞等的研究相比,本研究中可溶性有机氮(SON)所占比例较大,导致这个现象可能的原因是由于采样时节为秋季,蠡湖中大量浮叶植物及沉水植物死亡腐败,混入沉积物中使 SON 值偏高。蠡湖中 HN 及 RN 的空间分布相似,均为自东向西依次减小。HN 及 RN 中除少量被固定在 2∶1 型黏土矿物晶层中的 $NH_4^+ - N$,基本都是有机氮,因此 HN 及 RN 是沉积物中较为稳定的氮形态,需经过长时间的矿化作用才会缓慢释放到水体中去。这也可能是导致蠡湖多年来沉积物中氮质量比变化较小的原因之一。同时也可以看出蠡湖沉积物中不同形态的氮在空间分布上的差异十分显著,尤其是退渔还湖区(A 区)相对于其他区域污染程度较低。

10.3　蠡湖表层沉积物中 TN 的季节变化

蠡湖沉积物中氮季节变化明显,各采样点蠡湖沉积物中 TN 质量比为 545.50 ～ 1 733.90 mg/kg,平均值为 1 068.95 mg/kg。沉积物中 TN 的空间差异较大。总体来看,TN 质量比自东向西依次递减,呈现东蠡湖高于西蠡湖、沿岸区高于湖心区的趋势(图 10.6)。

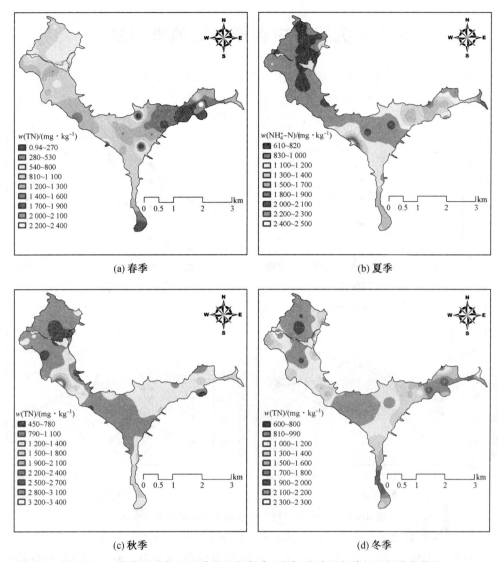

图 10.6　蠡湖沉积物 TN 质量比在春季、夏季、秋季和冬季的空间分布特征

沉积物中 TN 空间分布差异性显著($P < 0.01$),其中 D 区的质量比最大,全年平均质量比为 1 411 mg/kg,属于轻度污染;其次是 C 区,全年平均质量比为 1 190 mg/kg,同属于轻度污染;A 区和 B 区最小,全年平均质量比分别为 998 mg/L 和 881 mg/L,属于清洁状态。不同季节蠡湖水体 TN 的空间分布特征也不相同。春季 TN 质量比的高值区主要分布在威尼斯花园河、长广溪出湖河口处。高值区沉积物污染较重。秋季和冬季 TN 质量比的高值区都主要集中在长广溪及蠡湖东出口的骂蠡港、水居苑河、金城湾河等出湖河口处,这些区域的沉积物基本处于轻度污染,而其他区域水质处于清洁状态。夏季沉积物中 TN 大部分区域水质处于中度污染,不同分区水质差别明显,其中在 A 区和 B 区沉积物基本处于清洁状态,而在 C 区和 D 区水质全部处于中度污染,在个别点位水质甚至达到了严重污染的程度。

10.4　沉积物中各形态氮的季节变化

蠡湖沉积物中各形态氮质量比的季节变化差异性较为显著,如图 10.7 所示。

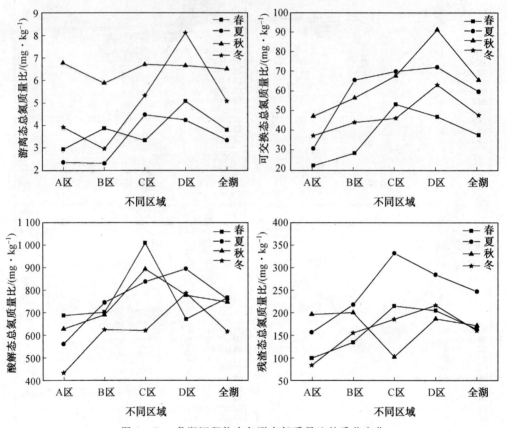

图 10.7　蠡湖沉积物中各形态氮质量比的季节变化

F-TN 质量比为 1.05～7.08 mg/kg,平均值为 3.59 mg/kg。总体来看,F-TN 含量自东向西依次递减,呈现东蠡湖高于西蠡湖的趋势,从季节上看秋季 FN 均值高于其他几个季节。导致这个现象的原因可能是,秋季蠡湖水体内的水生植物开始大量腐烂,植物腐烂后的残体被细菌分解为大量含氮元素的有机物及无机盐沉降入表层沉积物中。而在沉积物－水界面中大量氮元素进行频繁的氮循环,导致秋季 D 区域 FN 值均偏高。E-TN 质量比为 12.81～132.43 mg/kg,平均值为 52.61 mg/kg。从图中可以看出,D 区 E-TN 的值相比于其他区域较大,并且蠡湖沉积物中的 E-TN 呈现出自西向东逐渐增加的趋势。在夏季和秋季,蠡湖表层沉积物中的 E-TN 质量比稍高,E-TN 质量比大小的季节性排序为夏季＞秋季＞冬季＞春季,且 C 区及 D 区 E-TN 的值显著高于 A 区及 B 区。

从图 10.7 可以得知,蠡湖表层沉积物中 HTN 质量比的季节性变化差异不是十分显著,而在区域性的变化中差异却十分显著,C 区均值显著高于 A 区及 B 区。导致此种现象的原因可能是,A 区及 B 区经历了大规模的环保疏浚及水生植被重建工作,沉积物中氮污染相对 C 区、D 区较小,因此 A 区、B 区的 HTN 值相对较小。对于 RTN,其在空间及时间分布上的趋势相对平稳,仅 C 区在夏秋两季中变化较大,可能的原因是 C 区面积较大,水深较浅,秋季采样时有轻微风浪导致水体扰动加剧,从而影响了表层沉积物中氮的释放量。

10.5　本章小结

(1)蠡湖表层沉积物中 TN 质量比为 341.4 ～ 2 306.0 mg/kg,平均值为 1 187.9 mg/kg,A 区表层沉积物整体处于清洁状态,B 区及 C 区处于轻度污染状态,D 区曹王泾附近处于重度污染状态。其中 C 区南部及 D 区东部显著高于其他区域,进行大面积生态重建的 B 区水质相对较好。

(2)蠡湖沉积物中各形态氮差异性明显:从平均质量比上看,HN 质量比最高,其次是 RN,EN 质量比最小;从组成成分上看,EN 以无机氮为主,占其总量的 44.39%,有机氮占 EN 总量的 43.81%。

(3)不同季节蠡湖水体 TN 的空间分布特征也不相同。春季 TN 质量比的高值区主要分布在威尼斯花园河、长广溪出湖河口处,高值区沉积物污染较重。秋季和冬季 TN 的高值区都主要集中在 C 区南部及 D 区东部,这些区域的沉积物基本处于轻度污染,而其他区域水质处于清洁状态。夏季沉积物中 TN 大部分区域水质处于中度污染,不同分区水质差别明显,其中在 A 区和 B 区沉积物基本处于清洁状态,而在 C 区和 D 区水质全部处于中度污染,在个别点位水质甚至达到了严重污染的程度。

第11章 蠡湖氮污染评估及污染范围的确定

沉积物－水界面中的物质迁移、转化是浅水湖泊水生态系统中氮循环的重要组成部分之一。湖泊内沉积物与上覆水之间的物质交换是湖泊上覆水中营养盐的重要来源之一。通常在一个湖泊中表层沉积物间隙水内的氮污染物含量远大于上覆水中的氮污染物的含量,这种间隙水与上覆水之间的含量梯度可以引发氮污染物在从间隙水向上覆水进行的扩散迁移。因此间隙水与上覆水之间的扩散作用是沉积物－水界面物质循环的主要过程之一。有研究表明,沉积物中无机氮(NH_4^+-N、NO_3^--N)是生物可利用性氮的重要来源之一。

沉积物－水界面交换通量的研究方法通常有间隙水含量扩散模型估算法、质量守恒模型法、原柱样流动培养法、原柱样静态培养法和原位箱式观察法。而其中间隙水含量扩散模型估算法由于操作简便且采样时沉积物的基本结构不会被破坏而被科研工作者们广泛应用。

蠡湖周边的大部分河道已经通过闸控等手段进行控制,同时保持蠡湖常年处于高水位运行,因此目前蠡湖的氮污染主要来源是内源的释放。由于蠡湖在2003年进行过大规模的环境综合治理工程,通过环保疏浚及生态重建导致蠡湖水体水质大幅度提升,但是蠡湖目前仍有部分区域污染十分严重,诸如C区南部的长广溪区域,D区东部的曹王泾区域等,因此对于蠡湖各区域的氮污染进行评估可以更好地了解蠡湖的氮污染状况。本章针对蠡湖沉积物中氮污染的蓄积及其释放作用进行分析,同时对蠡湖氮污染的范围及面积进行初步的估算,有助于政府部门在未来制定更为科学及适合蠡湖的整治措施,以达到重建蠡湖清水流域的目的。

11.1 生态重建工程对蠡湖氮污染的影响

蠡湖作为典型的城市景观型湖泊,长期以来接纳了工业化、城市化进程所带来的各种点、面源污染物。自20世纪90年代开始,蠡湖水体中TN含量上升加剧(图11.1),水质迅速恶化至劣V类,呈重度富营养化状态,成了太湖污染最为严重的水域。为防止湖区富营养化程度进一步加深,从2003年开始,无锡市政府对蠡湖实施了"重污染水体沉积物环保疏浚与生态重建工程",包括退渔还湖、环保疏浚、生态重建以及对周边污染河道进行闸控或封堵;另外,2007年以来,对蠡湖与梅梁湾的水流交换实施闸控,保持蠡湖常年高水位,防止周边污水流入、渗入,蠡湖水质有了大幅的改善,总体水质也由劣V类转变为Ⅳ类,尤其是退渔还湖区(A区)和沉积物环保疏浚区,说明恢复水生植被、清淤及流域治理措施效果显著(图11.2)。

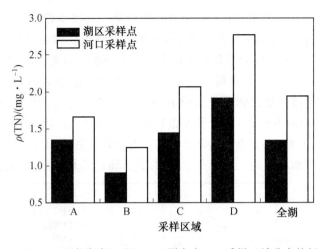

图 11.1　蠡湖湖区及河口上覆水中 TN 采样区域分布特征

过去的治理措施对于蠡湖湖区是有一定效果的,总氮、总磷及叶绿素含量有了明显的下降。但是由于过去忽略了环湖河道的治理,对于环湖河道仅仅是修建闸门阻隔河道的水流入湖区,导致河道污染越发严重,部分河道水体中叶绿素质量浓度高达48.8 mg/m³,沉积物中总氮质量比高达 5 341 mg/kg。这些污染严重的河道位于蠡湖东部水居苑、蠡湖港周边和东南部区域的长广溪、威尼斯花园附近及中部的宝界桥周边。由于蠡湖东部是环湖住宅区,河道数量众多,即使通过闸控也无法完全避免河道与湖体间的水体交换,因此对于河道的治理仍需要重视。

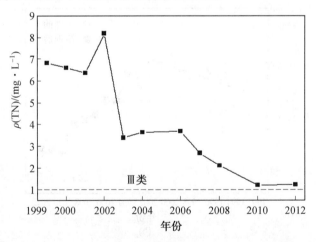

图 11.2　1999—2012 年蠡湖水体总氮质量浓度变化情况

由单因子的营养状态指数可以看出(图 11.3(a)),1992—2007 年,蠡湖水体中营养状态指数最大的指标为 TN,多年平均值为 82.31,一直处于重度富营养化水平;TP、Chla 和 SD 的营养状态指数也较高,1992—2007 年间的数据平均分别为 66.23、66.78 和66.93,都处于中度富营养化水平;COD_{Mn} 的营养状态指数最小,为 43.11 ~ 57.40,整体处于中营养和富营养之间。2007 年以后,蠡湖的富营养状态有了显著改善,TN、TP、Chla 和 SD 指标都从中度及重度富营养好转为轻度富营养,而此阶段主要以 SD、TN 和

Chla 的营养状态较高,应是蠡湖进一步开展生态修复工作的重点。

经计算分析可得到蠡湖近十几年间 TLI 值的变化情况。由综合营养状态指数可以看出(图 11.3(b)),水环境综合治理后蠡湖水体富营养水平显著下降($P < 0.01$),综合营养指数由治理前的 67.25 下降到 59.29,2003 年综合整治之前,蠡湖水质富营养化状态逐年恶化,在治理前一度达到重度富营养的状态。2003 年综合整治之后,蠡湖水质逐渐转好,尤其是 2010 年以后,综合营养指数在 53 左右波动,处于轻度富营养到中营养过渡的关键阶段。到 2012 年时蠡湖水质整体变为轻度富营养化,并有优于轻度富营养的趋势,表明蠡湖水质得到了一定的改善,并且总体趋势是向良好的方向发展。

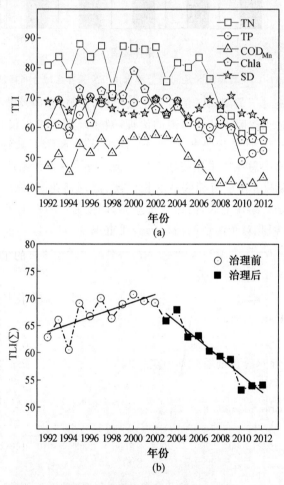

图 11.3　蠡湖水体 TLI 值动态变化

蠡湖作为太湖水体富营养化过程的湖泊,是一个典型的受人类活动影响由清水草型到浊水藻型然后逐步恢复的浅水湖泊变化实例。从 20 世纪 50 年代至今,伴随着水质由 Ⅱ、Ⅲ 类恶化至劣 Ⅴ 类再到 Ⅲ、Ⅳ 类,蠡湖水生植被不断缩减直至消亡后逐步恢复,同时浮游藻类和底栖动物群落也发生了较大变化,生态环境变化过程可以划分为 3个阶段。20 世纪 60 年代及以前,水草茂盛,清澈见底。据 1951 年的调查,蠡湖的植被覆盖率达 100%,主要优势种为芦苇、菱草、菹草、狐尾藻、苦草和人工栽培的菱、沿岸浅水区芦苇生长茂密,菱草丛生,并伴有斑块状分布的菱群落。浮游植物以硅藻为主,其次为隐藻、蓝藻和绿藻等,年平均数量 26.7×10⁴ 个/L。底栖生物极其丰富,以日本沼虾为最多,软体动物以湖螺、黄蚬、湖蚌和扁螺占优势,并有昆虫百余种。1970—2002年,是水生植物的退化消失阶段。20 世纪 70 年代的围湖养殖、防洪筑堤,破坏了水生植被,水质已经下降为 Ⅲ、Ⅳ 类,水生植物大量减少,透明度减小为 50 cm 左右。80 年代后,随着工业和城市的迅速发展,污水大量排放入蠡湖,使蠡湖水质恶化至劣 Ⅴ 类、沉积物淤积。1990—1991 年调查表明,蠡湖大型水生植物几乎绝迹,仅在个别河口和小湖湾,人工放养的凤眼莲生长良好,同时,浮游植物大量生长,年平均密度为 4 147×10⁴ 个/L,蓝藻和绿藻分别占到藻类总数的 53.9% 和 19.6%,水华频发。螺、蚌、虾等底栖动物仅在沿岸水深小于 1 m 的浅水带有少量存在,以水丝蚓和摇蚊幼虫等耐污种占优势。而到了 2002 年,湖沿岸带只有不足 30 m² 的芦苇,仅在入湖河道沿岸有少量菱草生长。湖体内已经没有沉水植物,而且螺、蚌、虾等底栖动物也已经绝迹。为防止水体恶化程度进一步加深,2003 年以来对蠡湖实施了"重污染水体沉积物环保疏浚与生态重建工程",包括退渔还湖、环保疏浚、植被重建以及对周边污染河道进行闸控或封堵,蠡湖水质有了大幅度的改善,总体水质也由劣 Ⅴ 类转变为 Ⅳ 类水,尤其是退渔还湖区和生态重建的西蠡湖,部分点位已经达到 Ⅲ 类水质要求。2012 年调查显示,蠡湖水体 TN 和 TP 的质量浓度平均分别为 1.31 mg/L 和 0.06 mg/L,显著低于1998—2002 年均值 6.06 mg/L 和 0.18 mg/L 及 2006—2009 年均值 3.48 mg/L 和0.13 mg/L,说明恢复水生植被、清淤及流域治理措施效果显著。同时,水生植物也处于恢复阶段,生态修复工程区内初步建立起了一个水生植物丰富的生态系统,工程区外湖滨浅水区水生植物也有了自然恢复的迹象。

在浅水湖泊中存在两种相对稳定的现象,一种是沉水植物占优势的"清水稳态",另一种类型是浮游植物占优势的"浊水稳态"。一般情况下,这两种类型都是相对稳定的,对环境干扰所带来的影响和破坏都有一种自我调节和自我延续的能力。当湖泊生态系统处于清水稳态时,营养盐含量增高到一个临界点时,浮游植物引起的透明度下降,沉水植被迅速减少,该临界点为"灾变点"。当系统处于浊水稳态时,营养盐含量降低到一个临界含量点时,浮游植物含量降低,沉水植被开始增加,该临界点为"恢复点"。20 世纪 70 年代开始,随着水体中营养盐含量的提高,蠡湖水质下降为 Ⅲ、Ⅳ 类。同时浮游植物与固着藻类增多,透明度降低为 50 cm 左右,进而影响到水生植物的光合作用,导致水生植物,尤其是沉水植物的大量减少。与此对应,浮游动物失去庇护所,被鱼类大量捕食,浮游动物捕食压力减小使得浮游植物进一步增加。同时,由于沉水植物消失,底质失去了水草的防护,底质在风浪的作用下再悬浮增加,由于食物网被破坏,杂食性鱼类不得不到底质中去觅食,这样就进一步加剧了底质的再悬浮,在浮游植物增加和底质再悬浮的双重作用下,透明度进一步降低。20 世纪 90 年代,蠡湖水生植物几乎绝迹,生态系统由"草型清水稳态"转变为"藻型浊水稳态"。因此,需要进一步深度开展综合整治和生态修复,加强流域污染治理、水文调度及湖体生态系统结构调整,促进沉水植被的恢复,以恢复蠡湖清水稳态的草型生态系统。

11.2　蠡湖各氮形态的扩散通量

蠡湖周边的大部分河道已经通过闸控等手段进行控制,同时保持蠡湖常年处于高水位运行从而使得蠡湖的外源污染得到了有效的控制,因此目前蠡湖的氮污染主要来源是内源的释放。为了识别潜在生物可利用性的氮形态对沉积物释放的影响,根据Fick 第一扩散定律的模型公式对蠡湖沉积物－水界面的 $NH_4^+ - N$ 及 $NO_3^- - N$ 进行扩散通量的初步估算,结果如图 11.4 所示。

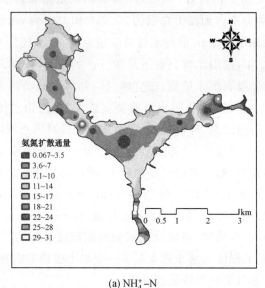

(a) NH_4^+–N

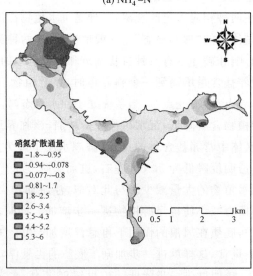

(b) NO_3^-–N

图 11.4　沉积物中 $NH_4^+ - N$、$NO_3^- - N$ 扩散通量的空间分布特征

由图 11.4 可见,蠡湖沉积物中 $NH_4^+ - N$ 扩散通量在 1.29 ～ 31.38 mg/(m^2 · d)之间,

平均值为 11.18 mg/(m²·d),其中 D 区沉积物中 NH_4^+-N 扩散通量最大,B 区最小,A、B、C、D 各区平均值分别为 10.64、9.95、10.93、13.06 mg/(m²·d)。NO_3^--N 扩散通量在 $-1.84 \sim 6.04$ mg/(m²·d) 之间,平均值为 0.47 mg/(m²·d);NH_4^+-N 扩散通量明显大于 NO_3^--N。采用多元统计分析方法对 NH_4^+-N、NO_3^--N 扩散通量与沉积物中各形态氮的含量进行正态分布检验和相关性研究,结果见表 11.1。

表 11.1　NH_4^+-N,NO_3^--N 扩散通量与各形态氮的皮尔森相关性

	氮形态	NH_4^+-N 扩散通量	NO_3^--N 扩散通量
EN	E－TN	0.542**	0.382**
	E－NH_4^+－N	0.601**	0.466**
	E－NO_3^-－N	0.489**	0.396**
	E－SON	－0.154	－0.189
HN	H－AN	0.485**	0.343**
	HAAN	0.529**	0.484**
	HASN	0.106	0.155
	H－HUN	0.157	0.098
RN	H－RN	0.285*	0.257

注:* —— 差异显著;* * —— 差异极显著。

从表 11.1 可以看出,蠡湖沉积物中 NH_4^+-N 及 NO_3^--N 的扩散通量与 EN 中的 E－SON 及 HN 中的 HASN 和 H－HUN 无显著相关性,与其他形态氮的相关性均为显著相关,尤其与 EN 的相关性最好。说明目前蠡湖沉积物氨氮扩散通量主要受 EN 控制,尤其是 E－NH_4^+－N、E－NO_3^-－N,而沉积物中其他氮形态尚不是影响沉积物氮释放的主要因素。结合沉积物中 TN 和 HN 的空间分布可以看出,沉积物中 TN 和 HN 的高值区域主要分布在 D 区及 C 区南部,而低值区域主要分布在 A 区。2007 年以来,对蠡湖与梅梁湾的水流交换实施闸控,保持蠡湖常年高水位,防止了周边污水流入、渗入,且 A 区在 2003 年经过了沉积物环保疏浚及沉水植物修复。水生动植物死亡后,以 SON 的形式存在于沉积物中,通过矿化作用缓慢地释放出来,并且释放出来后能很快被水生植物所吸收,合成自身物质,在有氧条件下,矿化产生的 NH_4^+－N 可经硝化作用转化为 NO_2^-－N 和 NO_3^-－N。由于植物在吸收 NH_4^+－N 的同时,根部释放的 O_2 将加速 NH_4^+－N 的硝化过程,显著降低水体(间隙水)的营养盐含量,进而减小沉积物中氨氮的扩散通量,因此,构建以沉水植物为主的"水下森林",既可通过植株对无机悬浮颗粒物的阻挡沉降及吸附作用减少水体的无机悬浮颗粒物,又可通过对水体营养盐的吸收、转化、积累作用降低水体富营养化程度,从而抑制浮游藻类的大量生长。

对照湖区与河口沉积物中 NH_4^+－N 扩散通量及沉积物污染状况的相互关系可以看出,沉积物中 NH_4^+－N 扩散通量与表层沉积物中的 TN、E－NH_4^+－N 呈显著正相关,如图 11.5 所示。

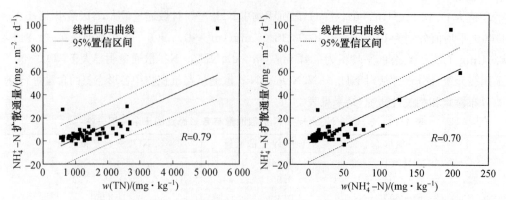

图 11.5　沉积物中 $NH_4^+ - N$ 扩散通量与表层沉积物中 TN、$E - NH_4^+ - N$ 的相关性
（R 为相关系数）

结合蠡湖沉积物中 $w(TN)$、$w(E - NH_4^+ - N)$ 的空间分布可以看出，沉积物污染严重的 C 区和 D 区相比已开展工程措施的 A 区和 B 区释放明显。究其原因，可能是 C 区及 D 区环湖住宅小区较多，每天仍排放大量生活污水进入湖区导致这些区域沉积物污染较为严重；而 A 区、B 区进行了多区域的水生植被重建工程及退渔还湖、干湖清淤等工程，干湖清淤可直接减少沉积物中的氮源污染物，而水生植被恢复后通过植被可提高对湖水中氮的吸收利用，因此降低了湖水中氮的含量。由于大型水生植物是反硝化、亚硝化及氨化细菌的重要载体，对微生物的分布影响较大，因此不同生态型植被恢复后，能有效提高氮循环菌群在湖水中的分布密度。同时，以沉水植物为主的"水下森林"的构建，既可通过植株对无机悬浮颗粒物的阻挡沉降及吸附作用，减少水体的无机悬浮颗粒物，又可通过对水体营养盐的吸收、转化、积累作用降低水体富营养化程度，抑制浮游藻类的大量生长，故目前蠡湖迫切需要的是改变其生态结构，并将恢复沉水植物作为其首要任务。

11.3　环湖河道氮污染聚类分析

河流是陆地和湖泊两大生态系统之间进行物质交换的重要场所，河道水质的好坏直接影响湖泊富营养化程度。虽然现在蠡湖周边的河道大部分都进行了闸控或封堵，但是河道是湖泊进行水体交换的重要场所，不可能永远将蠡湖周边的河道进行封堵，仅靠蠡湖与梅梁湾交界处的两座闸门来控制蠡湖的水体平衡。因此在蠡湖进行生态调控的同时，需要对蠡湖周边的河道进行详尽的调查，来制定适合蠡湖水域周边河道的治理措施，同时也可为创造一个蠡湖清水流域做基础。

对比各个河道水质参数并使用系统聚类法将其划分为不同类型，可以在现有条件下更有针对性地治理入湖河流及湖泊富营养化（图 11.6）。

从聚类结果可以看出，蠡湖周边 23 条河道的污染状况可以分为 3 类，即轻度污染、中度污染及重度污染。轻度污染包括威尼斯花园等 12 条河道，主要分布于湖区水质较好区域周边。中度污染包括西新河等 8 条河道，主要分布于 C 区及 D 区。重度污染包括蠡园河等 3 条河道，周边为大量居民区、工地及公园。对于轻度污染的河道，可以将

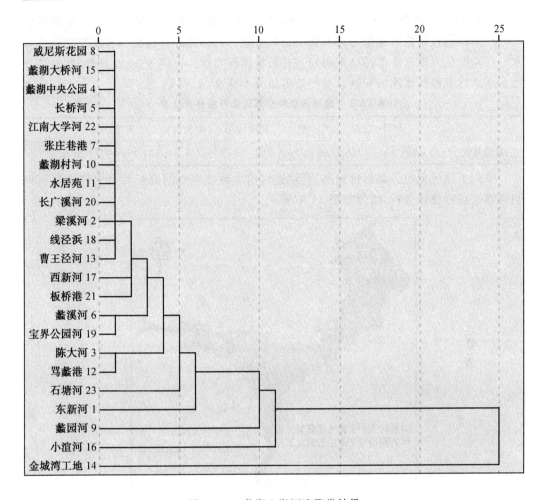

图 11.6　蠡湖入湖河流聚类结果

河道与湖体的封堵进行拆除,保持河湖之间的贯通,加快蠡湖的水体交换。对于中度污染的河道可以制定一系列长期稳定且有效的措施来促进河道的洁净。对于重度污染的河道要严格排查周边居民区及工地是否有乱排放及乱扔垃圾现象,确保河道污染不再加剧。

11.4　蠡湖沉积物中氮污染范围的确定

在蠡湖现有的水质及沉积物数据下,把蠡湖作为一个评价系统,系统中由于污染沉积物释放而增加的水质含量可以使用下式进行计算:

$$\Delta c = \frac{N \times S \times t}{S \times h \times 1\,000} = \frac{(kx + b) \times S \times t}{S \times h \times 1\,000} = \frac{(kx + b) \times t}{h \times 1\,000} \tag{11.1}$$

$$x = 419 + 6\,300\Delta c \quad (磷) \tag{11.2}$$

$$x = 565 + 787.5\Delta c \quad (氮) \tag{11.3}$$

式中,N 为氮的扩散速率,mg/(m² · d);S 为面积,m²;t 为换水周期,d;h 为湖泊水深,

m；x 为沉积物中氮含量，mg/m^3；k、b 为换算系数。蠡湖平均水深 2.53 m，换水周期400 d。k、b 通过氮扩散通量与沉积物中总氮含量回归方程计算得出。按沉积物释放对水柱污染负荷贡献占全部污染来源对水柱污染负荷贡献的比例为 50% 计算，同时结合地表水质标准得到蠡湖沉积物总氮污染等级分类标准，见表 11.2。

表 11.2　蠡湖沉积物总氮污染等级分类标准

指标	健康	一般	轻度污染	中度污染	重度污染	严重污染
总氮质量比/(mg·kg^{-1})	≤ 565	566～762	763～956	957～1 156	1 157～1 353	> 1 353

采用上述沉积物分类评价标准，利用地理信息系统中空间分析对全太湖表层沉积物营养盐进行统计分析，结果如图 11.7 所示。

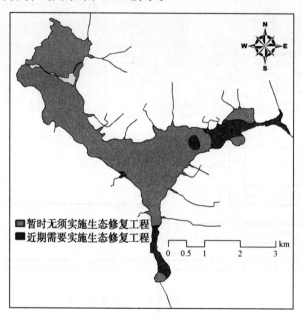

图 11.7　蠡湖 TN 污染等级划分

由图 11.7 可知，蠡湖需要重点进行沉积物治理及水生态植被重建的区域为 D 区自水居苑向东延伸至曹王泾，C 区江南大学河区段向南延伸至长广溪河这两片区域。而A 区及 B 区仅有少部分靠近河口处区域氮污染较为严重需要进行水生态植被修复。结合图形分析和计算可知，蠡湖氮重度污染面积为 0.95 km^2，占其总面积的 11.02%。

11.5　本章小结

(1)蠡湖自 2003 年实施生态恢复工程以来，水质得到了一定的改善，理化指标有所下降，水体的营养状况总体为轻度富营养化，并且有低于轻度富营养的趋势，但是仍未完全从根本上解决水体富营养化的问题。

(2)蠡湖沉积物中 NH_4^+－N 扩散通量在 1.29～31.38 mg/(m^2·d)之间，平均值为 11.18 mg/(m^2·d)，其中 D 区沉积物中 NH_4^+－N 扩散通量最大，B 区最小。

　　(3) 蠡湖周边 23 条河道的污染状况可以分为 3 类,即轻度污染、中度污染及重度污染。其中轻度污染包括威尼斯花园等 12 条河道,主要分布于湖区水质较好区域周边。中度污染包括西新河等 8 条河道,主要分布于 C 区及 D 区。重度污染包括蠡园河等 3 条河道,周边为大量居民区、工地及公园。

　　(4) 蠡湖需要重点进行沉积物治理及水生态植被重建的区域为 D 区自水居苑向东延伸至曹王泾,C 区江南大学河区段向南延伸至长广溪河这两片区域。结合图形分析和计算可知,蠡湖氮重度污染面积为 0.95 km²,占其总面积的 11.02%。

本 篇 结 论

本篇以蠡湖为研究对象将蠡湖划分为 A、B、C、D 4 个湖区,并于 2012 年秋季(10月)及 2013 年冬季(1 月)、春季(4 月)和夏季(7 月)4 个季度分别对蠡湖各个湖区中的上覆水、间隙水和沉积物进行采样分析,通过对上覆水体中各形态氮含量的分析确定了蠡湖水体中各形态氮的空间分布及时间变化;通过对表层沉积物中各形态氮的检测分析,了解了蠡湖沉积物中各形态氮的水平分布;通过对蠡湖表层沉积物中氨氮及硝氮扩散通量的研究,了解了氮在湖泊沉积物－水界面的迁移转化过程。同时对蠡湖湖区和周边河道的污染状况进行评估及划分,确定了蠡湖需要对严重氮污染进行水生态植被修复的工程范围,旨在为治理蠡湖沉积物中氮污染提供可靠的数据支撑,为城市湖泊的富营养化治理提供理论依据。通过本篇的研究得出以下结论:

(1) 从空间分布上看,蠡湖水体 TN 质量浓度为 1.38 mg/L,介于 0.74 ～ 2.43 mg/L 之间。总体来看,TN 含量自东向西依次递减,呈现东蠡湖高于西蠡湖,沿岸区高于湖心区的趋势。从季节分布上看,蠡湖水体中 TN 季节性差异显著,秋季的含量显著高于其他季节。

(2) 从年际上看,水体中 TN 近 15 年来一直维持在较高的含量水平上,总体趋势为先升高后稳定最后下降。2003 年开始,随着蠡湖综合整治工程的实施,水体中氮含量开始下降,尤其是 2010 年以后,水体中 TN 质量浓度在 1.27 mg/L 左右波动,基本维持在 Ⅳ 类水质标准。

(3) 蠡湖表层沉积物中 TN 质量比为 341.4 ～ 2 306.0 mg/kg,平均值为 1 187.9 mg/kg,其中 C 区南部及 D 区东部显著高于其他区域,进行大面积生态重建的 B 区水质相对较好。蠡湖沉积物中各形态氮差异性明显,HN 含量最高,其次是 RN,EN 含量最小。组分上 EN 以无机氮为主,占其总量的 44.39%,有机氮占 EN 总量的 43.81%。

(4) 不同季节蠡湖水体 TN 的空间分布特征也不相同。春季 TN 的高值区主要分布在威尼斯花园河、长广溪出湖河口处。秋季和冬季 TN 的高值区都主要集中在 C 区南部及 D 区东部。夏季大部分区域水质处于中度污染,不同分区水质差别明显,其中 A 区和 B 区沉积物处于基本清洁状态,而 C 区和 D 区水质全部处于中度污染,在个别点位水质甚至达到了严重污染的程度。

(5) 蠡湖沉积物中 $NH_4^+ - N$ 扩散通量在 1.29 ～ 31.38 mg/(m² · d) 之间,平均值为 11.18 mg/(m² · d),其中 D 区沉积物中 $NH_4^+ - N$ 扩散通量最大,B 区最小。

(6) 蠡湖周边 23 条河道的污染状况可以分为 3 类,即轻度污染、中度污染及重度污染。轻度污染包括威尼斯花园等 12 条河道,主要分布于湖区水质较好区域周边。中度污染包括西新河等 8 条河道,主要分布于 C 区及 D 区。重度污染包括蠡园河等 3 条河道,周边为大量居民区、工地及公园。

(7) 蠡湖自2003年实施生态恢复工程以来,水质得到了一定的改善,理化指标有所下降,水体的营养状况总体为轻度富营养化,并且有低于轻度富营养的趋势。但是仍未完全从根本上解决水体富营养化的问题。

(8) 蠡湖需要重点进行沉积物治理及水生态植被重建的区域为D区自水居苑向东延伸至曹王泾,C区江南大学河区段向南延伸至长广溪河这两片区域。结合图形分析和计算可知,蠡湖氮重度污染面积为0.95 km²,占蠡湖总面积的11.02%。

下　篇

环境治理工程对蠡湖磷素时空分布的影响

第12章 绪 论

12.1 概 论

12.1.1 湖泊富营养化概念及发展趋势

早期对"富营养化"的定义比较宽泛,普遍都是描述性质的,并在北欧产生了水体富营养化的初步概念,同时提出水体不同营养级别。20世纪初,Weber开始关注水体营养元素,并对水生态系统的营养状况进行了概略的描述。之后,Naumann按照湖泊浮游植物的初级生产力高低将湖泊分成高生产力水平湖泊和低生产力水平湖泊。Lindeman率先提出湖泊富营养化(Eutrophication)这一概念,对其的描述为:湖泊富营养化是一种自然演变过程,在此过程中,有机物质不断积累,湖泊逐渐变浅,直至衰亡,如图12.1所示。该概念指出湖泊富营养化是湖泊发展和老化过程中不可规避的自然现象,即随着时间积累,湖泊发展到最后必然会产生富营养化这一过程。对世界经济合作与发展组织(Organisation of Economic Co-operation and Development,OECD)对Vollenweider和Wetzel研究的湖泊营养盐年均值及模型估测加以发展,根据磷盐划分营养状态的指标为:TP < 0.01 mg/L为贫营养型,TP在0.01~0.03 mg/L之间为中营养型,TP > 0.03 mg/L为富营养型。

二十世纪六七十年代以来,关于湖泊富营养化及对其过程的研究有了较快的发展,富营养化的含义也被不断拓展和完善。多数研究者认为湖泊富营养化是指水体中以氮、磷为主的营养盐含量超过了一定阈值,使藻类及其他浮游植物大量繁殖,水体透明度急剧下降、水质恶化的过程。随着现代化工农业生产的迅猛发展,来自点源和面源的污染物质被大量排入湖体,造成水体的营养负荷急剧升高,同时全球人口的不断增加,城市化的快速推进,使湖泊水体被过度开发利用,湖泊生态系统和水的功能受到阻碍和破坏,极大地加快了湖泊富营养化过程,直到二十世纪八九十年代,人们才开始对富营养化湖泊进行治理研究。

如今众多研究者普遍认为湖泊富营养化是指:营养元素的富集导致湖泊从较低营养状态转化到较高营养状态,使得湖泊生态系统发生退化过程。这个过程不仅包括外源输入(人类活动和干、湿沉降),还包括内源的聚集与释放(物理、化学、生物等作用)。

12.1.2 我国湖泊富营养化现状

湖泊是水资源和水力资源的重要贮藏地,在灌溉、航运、调节径流、发电及旅游等方面发挥着巨大作用。我国幅员辽阔,拥有众多不同类型的湖泊,面积大于1 km²的天然湖泊有2 800个以上,总面积达91 019.6 km²,占国土面积的0.95%,其中有1/3是淡水

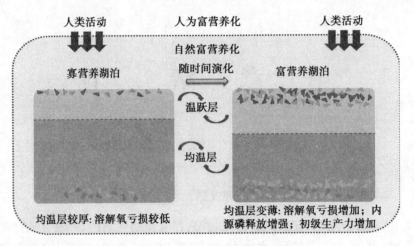

图 12.1　湖泊富营养化过程图

湖泊,淡水总蓄水量达 $2\ 350\times10^8\ m^3$。我国湖泊数量虽然很多,但在地区分布上并不均匀,前人根据不同区域间自然环境的差异、人类活动、湖泊资源开发利用和生态系统特征的区域特色的差异,将我国湖泊类型划分为 5 个自然分布湖区,即青藏高原湖区、蒙新高原湖区、东部平原湖区、云贵高原湖区以及东北平原－山地湖区。

　　20 世纪 80 年代,金相灿在对我国湖泊(水库)环境的全面调查中发现:我国处于富营养化状态的湖泊约占全国湖泊的 26.5%。青藏高原湖区湖泊总面积为 38 700 km²,约占全国湖泊总面积的 46.5%,该湖区是地球上海拔最高、数量最多的高原内陆湖区,相对湖泊水质良好。蒙新高原湖区湖泊面积为 16 400 km²,占全国湖泊总面积的19.7%。该湖区湖泊多为淡水或微咸水湖泊,大多为供水水源,同时兼有航运、旅游、灌溉等作用,在发展生产力的同时,环境质量逐步恶化,使得该湖区成为生态环境的脆弱区。东部平原湖区的湖泊密度是四大湖区中最高的,湖泊总面积为 22 900 km²,占全国湖泊总面积的 29.4%,该湖区气候温暖、光照充足、地势平坦、水流缓慢,湖泊富含营养物质,利于藻类的繁殖,加之人口密度大,人为活动强烈,污水排放量大,因此富营养化发展迅速。据调查区域湖泊表明:巢湖、洪泽湖、南四湖等已进入富营养化状态,特别是以长江中下游地区的太湖最为严重,少数水库也濒临富营养化,更多城市湖泊均已达到严重的富营养化(如南京玄武湖、杭州西湖、九江甘棠湖、广州的东山湖、武汉的墨水湖等),而湖南洞庭湖和江西鄱阳湖也已具备了发生富营养化的营养盐条件。云贵高原湖区在地势上具有山高谷深的特点,平均海拔在 1 000 m 以上,一般换水周期比较长,水交换能力较弱,如发生富营养化,其发展速率比其他湖区高,是我国湖泊富营养化的易发区和敏感区。滇池、异龙湖、杞麓湖已达到相当高的营养状态,尤其是滇池富营养化问题最为明显。东北平原－山地湖区湖泊总面积为 3 800 km²,占全国湖泊总面积的4.6%,由于平原湖泊水深较浅,面积又小,水力滞留时间较长,同时人为污染日趋严重,极有利于营养物质在湖内的长期积累,长春南湖和牡丹江镜泊湖也已达到中度污染,属于富营养湖泊。

　　赵章元对 24 个湖泊进行调查后发现:除洱海和邛海尚属于贫－中营养状态外,其余湖泊均为中－富营养状态。其中,达到富营养化的湖泊有南湖及乌梁素海、巢湖、滇池、外海、西湖、于桥水库、蘑菇湖、甘棠湖、麓湖 10 个湖泊;达到重富营养状态的湖泊有南湖、玄武湖、洪湖、墨水湖、流花湖、荔湾湖、东山湖及滇池(草海)8 个湖泊。2007 年,我国处于富营养化状态的湖泊约占全国湖泊的 53.8%,承担了我国主要供水任务的五大淡水湖基本都已经处于富营养状态。

　　根据《2012 年中国环境状况公报》的调查结果可知,2012 年,62 个国控重点湖泊(水库)中,Ⅰ～Ⅲ 类、Ⅳ～Ⅴ 类和劣 Ⅴ 类水质的湖泊(水库)比例分别为 61.3%、27.4% 和 11.3%。除密云水库和班公错外,其他 60 个湖泊(水库)均开展了营养状态监测(图 12.2)。其中,中度富营养状态湖泊 4 个,轻度富营养状态湖泊 11 个,中营养状态湖泊 37 个,贫营养状态湖泊 8 个,分别占总数的 6.7%、18.3%、61.7% 和 13.3%。太湖的主要污染指标为 TP 和 COD,全湖总体为轻度富营养状态。从分布看,中度富营养状态主要分布于西部沿岸区,东部、南部及北部沿岸区和湖心区均为轻度富营养状态。滇池主要污染指标为 TP 和 COD,总体为中度富营养状态,草海和外海均为中度富营养状态。巢湖主要污染指标为石油类、TP 和 COD,全湖总体为轻度富营养状态,其中西半湖为中度富营养状态,东半湖为轻度富营养态。其余重要湖泊中,洞庭湖主要污染指标为 TP,总体为中营养状态。洪泽湖主要污染指标为 TP,总体为轻度富营养状态,局部甚至达到重度富营养状态。在湖泊污染问题中,TP 仍然是主要超标因子之一。

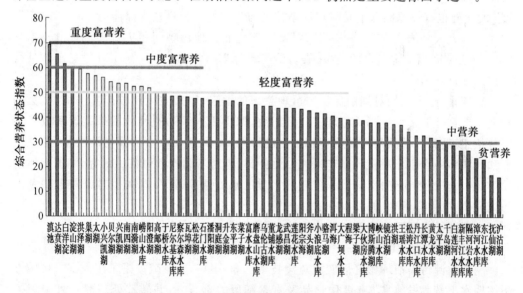

图 12.2　2012 年国控重点湖泊(水库)富营养化状态

　　《2012 年中国环境状况公报》说明我国多数的城市湖泊呈现富营养化的趋势日益明显。富营养化使城市水体饮用水源、渔业养殖、旅游等各类水体功能下降,特别是富营养化严重的水体引起供水障碍,危及人畜饮水安全,随时可能发生因富营养化造成的水体污染事件。例如,1993 年,太湖首次爆发了大规模水华;2007 年,蓝藻再一次在太湖泛滥,这一次太湖水华的全面爆发使得无锡市四百余万居民陷入了饮用水危机,无锡市水环境健康状况岌岌可危。

12.1.3　富营养化湖泊水生态环境治理国内外现状

1. 国外治理现状

湖泊富营养化是一个全球普遍性的问题,在工业化的早期,欧美国家、日本等发达国家实施了一系列治理措施控制湖泊富营养化,其中通过立法来保护湖泊受到发达国家的普遍重视。美国于 1948 年颁布了《联邦水污染控制法》,明确各州在水污染控制方面的主要作用,以及联邦政府对地方政府在保护水质方面的执法权。1965 年,美国国会通过了《联邦水污染控制法》修正案,划分了水体功能,制定了水质标准、国家排放标准和执行标准,形成了水质保护与评价的方法。日本在 1979 年实施了琵琶湖富营养化防治条例,1984 年又实施了《湖泊水质特别保护措施法》。在琵琶湖区形成了"源水培育、湖水治理,生态建设、政府主导、全民参与"的湖泊治理思路。

2. 国内治理现状

面对湖泊污染问题的严峻局面,我国政府下决心治理湖泊的污染,制定相关湖泊富营养化控制规划。"九五"期间"三河三湖"被定为国家水污染防治的重点流域,大规模的湖泊水污染防治工作全面开展。"十五"期间增加了三峡库区及上游、松花江流域、南水北调水源地及沿线,国家完善政策法规,升级环保工程技术,对水环境恶化趋势的遏制发挥了重要作用。"十一五"期间,国家重大科技专项"水污染控制技术与治理工程"的实施也有效地提升了我国水污染控制与治理的综合科技支撑能力。"十二五"期间对我国九大湖泊实行"一湖一测",对富营养化和其他污染问题进行大规模的整治。"十三五"期间国务院出台的《水污染防治行动计划》(简称"水十条")对黑臭水体进行了控制并逐步消除。

近年来,随着人们对湖泊保护与治理意识的增强,原来破坏比较严重的滇池、巢湖和太湖等都开展了大量相关治理工程和研究,取得了一系列的经验成果。这些成果主要包括:遵循源头控测与末端治理相结合的原则,减少进入水体营养物的数量;区域点源和面源污染产生作用机理初步研究,加强水污染防治和管理对策的研究;湖泊水体水动力、水质模型的研究;引清水入湖改善水质的水力调度研究;湖滨生态带对保护湖泊的机理研究;生态治理、修复措施和工程管理措施相结合等。

3. 典型的内源污染治理工程在国内外的应用

(1) 湖泊底泥疏浚工程。

湖泊内源污染治理中开展底泥疏浚技术已 30 多年,底泥疏浚是采用人工或机械方法挖掘水下营养盐富集、有毒化学品及毒素细菌的土石方,并转移处理的一种工程措施,通过疏挖,减少底泥中的营养盐溶出,减轻湖泊的内源负荷。

湖泊底泥疏浚属于物理环保疏浚,已广泛应用于国内外。美国于 1978 年对 Hilly 湖进行了底泥疏浚,共疏浚底泥 68×10^4 m³,最高水深提高了 4.2 m,总磷的消减率达 55%。同时,美国还在 Lilly 湖、Lansing 湖和 Collins 公园等开展了底泥疏浚工程,疏浚量分别为 59.6×10^4 m³、123×10^4 m³ 和 7.9×10^4 m³。瑞典 Trummen 湖的底泥疏浚工程是较成功的案例,经过 2 次静水吸泥方式疏浚,疏浚后的沉积物向上覆水体释放营养盐含量明显降低,其中总磷、总氮的消减率均达 80% 以上。此外,在日本的蟠沼、诹访湖、诹访湖和霞浦湖、匈牙利的巴拉顿湖,荷兰的 Ketelmeer 湖和 Geerplas 湖等也实施了不同程度的疏浚工程。 在我国,湖泊底泥疏浚技术也得到了较好的应用(图 12.3),一些大型富营养化湖泊滇池、巢湖、洱海、昆明湖、太湖、东钱湖、杞麓湖、洞庭湖及小型城市湖泊,如北京颐和园、杭州西湖、宁波月湖、南京玄武湖、无锡蠡湖等湖泊都相继开展了湖泊底泥疏浚内源治理工程。

图 12.3　底泥疏浚工程

(2)生态引水工程。

生态引水工程是利用水利工程,通过稀释作用、冲刷作用和动水作用等物理方式净化湖泊水体,改善湖泊富营养化作用的工程措施。其中,稀释作用是引水工程的主要目的,通过引入营养盐含量较低的清洁水,使原来富营养化湖泊的水体得到稀释,营养盐和污染物含量降低,改善湖泊水质;冲刷作用是在引水的过程中把湖泊中聚集生长的藻类冲洗或驱散,抑制藻类的聚集生长,从而降低藻类的生物量,并且提高湖泊水体的透明度;动水作用则是引水过程中增强水体的流动力,增加水体交换速度,大大提高水体富氧能力,从而提高湖泊的自净能力。

国外有较多调水改善水环境的成功实例。 例如,1964 年,在日本出现了第一个通过引水来改善水质的工程,东京从利根川和荒川引清洁水进入隅田川,使得隅田川水质大幅改善,TP、BOD(Biochemical Oxygen Demand,生化需氧量)等指标好转近一半;美国引密西西比河入庞恰特雷恩湖的引水工程;荷兰 Veluwemeetr 湖换水工程;德国、新西兰等国家都利用引水工程治理相关湖泊的水污染问题,并取得良好的效果。

在国内,1980 年上海市通过引水工程来改善水质,开启了我国引清治污的先河。1982 年,西湖引水工程实施后,随着水体交换率的提高,西湖水体恶化的情况得到了控制。2002 年,太湖流域实施了"引江济太"调水实验工程,总磷质量浓度从 0.10 mg/L下降到 0.069 mg/L,水质和水生态系统得到极大改善。姜宇等对实施"引江济太"工程的太湖水源地进行调查发现,水源地水质较引水前有了明显改善,COD、NH_4^+、TP 和 TN 的超标率分别下降 12.6%、25.7%、31.8%、24.5%。另外,浙江千岛湖、南京玄武湖、秦淮河调水工程、桂林环城桂湖、昆明滇池、汉阳湖群、引滦入津工程等,都采用了外流引水进行稀释和冲刷,取得了一定成效。

(3)水生植物修复治理工程。

水生植物修复治理工程是利用特定的水生物种(挺水植物、浮叶植物、沉水植物等)

对水体中的污染物(氮、磷和重金属等)进行吸收、富集、降解、转移,从而降低或清除污染物的一种生物技术工程,其重点在于削减湖泊水体中氮、磷、有机碳及其他污染物质的负荷。目前,利用水生植物来治理和修复湖泊已成为湖泊富营养化控制技术中发展最快的一种方法。

国外早就有关于水生植被吸收利用氮、磷的研究,20世纪70年代,Boyt把佛罗里达州互依鲁茨特污水处理厂的处理水引入湿草地,测定湿草地植物落羽杉和西洋小叶样的生长,进行了生物学生产率评价,发现对除去营养盐(氮、磷)和细菌有非常好的效果。德国、法国、瑞士等国家纷纷利用水生植物开展水环境治理工程。Carignan等的研究表明,沉水植物从底泥中吸收的磷酸盐可输入茎、叶,并释放到水体中。美国佛罗里达州、马萨诸塞州、德克萨斯州在污水处理系统中通过种植水葫芦去除污染物均取得了较好的效果,BOD的去除效率在37%~91%之间。

Zimmel等利用水葫芦和水浮莲对城市污水进行净化试点研究,发现2.5~4 d后城市污水中的COD由460 mg/L降至100 mg/L。静态条件下单一物种及多种植物配植和动态条件下水生植物对污染物含量较高的污水的净化作用相关的理论研究和实践都取得了比较可观的成果,并且已成为我国利用水生植物净化水质研究的重点。宋福通过用8种沉水植物对草海水体TN、TP去除速率的研究发现,沉水植物对水体中的N、P都有去除能力,其中伊乐藻和苦草去除能力最强。

以水生植物为核心的生态浮岛和人工湿地为利用植物修复技术处理污水提供了多种可行的方案。人工浮岛是1979年由德国人Hoeuer提出并成功建造的,20世纪90年代中期在日本广泛应用于湖泊治理中。南京在煦园采用以水培经济植物为主的生态工程方法净化水体,治理1个月后,湖中TN、TP含量分别降低46.3%、48.4%;藻类密度降低了63.2%,透明度提高了1倍。1953年,德国Seldel博士首次采用人工湿地的方法进行净化污水的实验,之后Seldel与Kickuthk开始合作研究人工湿地处理污水技术,并将这一技术成功地应用于水污染控制领域。虽然大量的实验与实例证明水生植物修复工程的快速发展对湖泊生态修复具有较好的效果及前景,但湖泊的生态恢复需要漫长的时间,如阿波普卡湖经过长达40余年的治理才遏制了湖泊蓝藻水华频发的势头。

12.2　湖泊内源磷的转化与释放

随着工业化发展,湖泊富营养化趋势日益严重,工业废水、生活污水以及农业非点源污染物大量排入湖中,使得湖泊内积累了过量的营养物质,营养物质主要包括磷、氮等微量元素和维生素等。内源污染主要指进入湖泊中的营养物质沉降至湖泊底质表层,在一定条件下向水体释放,成为湖泊富营养化的主导因子。大量研究表明湖泊的富营养化除了外源营养盐的输入外,湖泊底泥的内源污染也造成不小的影响。Pitkanen等在芬兰东部海湾研究的结果显示,在外源输入污染负荷减少了30%的情况下,水体中磷酸盐仍出现了上升现象;Kuwabara等在美国科达伦湖的研究结果显示,该湖入湖河流输入的外源性磷酸盐负荷与内源释放量持平。在湖泊富营养化的治理中普遍出现了有效控制外源输入后,内源的释放仍能够使湖泊处于富营养状态的情况,因此,对内源释放污染的控制显得尤为重要。

12.2.1　磷在湖泊富营养化中的作用

磷是水体富营养化的主要原因之一,作为大多数淡水湖泊藻类生长的限制性营养盐,磷在浮游植物的生长过程中起着非常重要的作用。沉积物作为湖泊生态系统中磷的"源"与"汇",一方面起到对上覆水净化的作用,另一方面在某些条件下维持上覆水的营养状态。1983 年,Smith 等的研究表明,湖泊的氮磷比(TN/TP)约在 10 ～ 15 之间时,最利于藻类繁殖,这一学说一度被广泛认同。然而,Trimbee 和 Prepas 却认为相对于 TN/TP 的降低,藻类的生长更依赖于水体中磷含量的增加。当水体中的氮、磷含量超过一定的阈值时,藻类的爆发将不再受 TN/TP 的限制,而藻类等水生植物对多数形态氮都有一定的吸收作用,并可在缺氧条件下生长,通过呼吸作用从大气中固氮。与氮不同,磷在自然界中没有稳定的气相组分存在,基本上不参与大气循环,在局部环境中(火山),磷可能随粉尘漂移迁徙到水体中。磷在生态系统中的循环主要依靠水力作用,绝大部分的磷在湖泊中以固态形式存在于沉积物中,磷的循环主要是磷在固－液两相的转移(沉淀－溶解,吸附－解吸)。据 Hayes 和 Phillips 的研究,磷在地表水体中的动态平衡可以表示为:

$$水相中的磷　\Leftrightarrow　固相中的磷$$
$$（占总磷量的比例很小）　　　　（占总磷量的比例很大）$$

由于高比例的固相磷的存在,突出了磷限制作用的重要性,所以对于多数湖泊,磷是决定湖泊初级生产力、影响藻类异常繁殖的限制性营养元素。因此,可以说磷是湖泊富营养化最主要的限制因子。

沉积物中磷的形态决定了沉积物中能参与界面交换和可被生物利用的磷的含量。不同形态的磷在其释放特性、生物有效性以及对水体富营养化的影响方面有着很大的差别。天然水体中的磷主要以溶解态和颗粒态形式存在,沉积物中的结合态磷主要是以无机磷和有机磷的形式存在。有机磷不易直接被藻类等水生植物吸收,而在厌氧微生物的作用下,会矿化分解为易被植物吸收的活性可溶性磷,引起水体营养水平增加。在湖泊富营养化中起着巨大作用的磷是有效磷,即底泥中的潜在活性磷。已有的研究中,弱吸附态磷(NH_4-P)、铁结合态磷($BD-P$)以及有机磷($NaOH-P$)被认为是易释放态磷,钙结合态磷($Ca-P$)和残渣磷($Res-P$)通常被认为是难释放态磷。

12.2.2　内源磷释放的主要途径

沉积物是湖泊营养的内负荷,而沉积物中磷的释放对湖泊水体的营养水平有着重要的影响,沉积物内源释放磷主要分为物理释放、化学释放和生物释放 3 种。

(1)物理释放。

物理释放主要是指沉积物间隙水较上覆水中的磷含量高,从而形成了从沉积物向上覆水的含量梯度,进而溶解性磷分子从间隙水中扩散到上覆水体。间隙水中有一层对水中的磷吸附能力很强的、没有完全结晶的铁、铝的氢氧化物。随沉积物深度的增加,环境由氧化转变为还原条件,使可溶性磷冲破沉积物的吸引而溶入间隙水中。一般来讲,沉积物间隙水与上覆水中总溶解磷的含量差越大,则间隙水与上覆水体的扩散通量就越大。

　　扰动的影响也是内源磷释放的重要物理因素,强风引起的扰动可能会影响沉积物向水体释放磷的通量。Laenen 和 Tourneau 发现内源磷释放的主要来源可能就是沉积物的再悬浮,并估算出一次风速为 4.5 m/s 以上的风浪过程引起的底泥磷释放量平均可达 530 t。孙小静、秦伯强等在研究波浪水槽实验中发现,在模拟风速为 7 ～ 8 m/s 时,风浪扰动会使表层水体总磷、溶解性总磷含量迅速提高,同时悬浮在水中的颗粒物也增多,伴随水中溶解氧含量上升,这些都会加强上覆水对磷的吸附,经扰动沉积物向水体释放的磷形态主要为颗粒态磷。

　　(2)化学释放。

　　一般研究认为内源释放磷与 pH、表层沉积物的溶解氧、温度等有关。Jensen 等对丹麦不同湖泊的 pH 和磷酸盐含量调查发现:pH 高的湖泊,其水体中活性磷的含量明显增大,且有利于磷盐酸根离子从 $Fe(OH)_3$ 胶体中解吸附,而使更多的磷酸根释放到水体中。金相灿等通过在室内模拟太湖不同区域沉积物磷释放量,提出水体磷的含量与 pH 存在明显的呼应关系。底层水体中溶解氧(DO)含量决定湖水－沉积物的氧化－还原状态,同时也直接影响氧化还原电位变化,因此也影响沉积物磷的释放。当水体溶解氧含量降低,氧化还原电位较低($< 200 mV$),水体表现为厌氧状态,此时环境为还原状态,有助于 Fe^{3+} 向 Fe^{2+} 转化,不溶的氢氧化铁转变成可溶的氢氧化亚铁,沉积物中结合态磷到水体中迁移和释放,使水体中磷含量得以升高。Fillons 和 Willie 等在连续流动释放系中发现,厌氧状态湖泊沉积物磷的释放速率是好氧状态释放速率的 10 倍以上。温度的升高会促使表层沉积物的氧化还原电位降低,微生物活动加强,耗氧加快,水中溶解氧减少,促进沉积物中磷的释放。

　　(3)生物释放。

　　生物释放主要有细菌释放、大型水生植物释放以及底栖生物的消化道释放 3 种途径。细菌分解可使沉积物中的有机化合物矿化从而释放更多磷酸盐,并且细菌能把不溶性磷化合物转化为可溶性磷化合物并释放。有学者指出,"非活性 NaOH 可提取态磷"由细菌的多磷酸盐组成,可能是在缺氧的条件下磷酸盐从水体沉积物释放的原因。但是多磷酸盐存在的化学证据较薄弱,在沉积物样品经过纯化提取之后,可以通过核磁共振光谱(31P－NMR)和透射电子显微镜(TEM)来鉴定。大型水生植物不仅可由茎叶的分泌作用将磷释放到水中,而且在死亡后的分解过程中可把磷释入上覆水体网。研究发现,在好氧条件下,有微生物作用的体系中,5 ～ 6 d 内,上覆水中溶解态活性磷质量浓度从 2 mg/L 降低到 0,而没有微生物作用的体系中,上覆水溶解态活性磷质量浓度从 2 mg/L 只能降低到 0.4 mg/L;在厌氧条件下,有微生物作用的体系中,沉积物发生了磷大量释放的现象,而无微生物作用的体系释放量则十分有限。Anderse 和 Jensen 研究发现,在模拟 30 d 再悬浮后,颗粒磷中的 47% 被生物矿化。

12.2.3　沉积物有机磷的分级提取应用现状

　　近年来,营养盐的内源释放已越来越多地得到人们的关注。湖泊外源磷污染得到控制后,内源磷污染是释放引起湖泊水质进一步恶化的关键因素,为了了解沉积物磷的形态转化及迁移过程,首先需要弄清其赋存形态。早期研究多以无机磷为主,对有机磷鲜有研究。Ding 等研究表明我国 43 个湖泊沉积物(表层 1 cm)中有机磷的含量在 40 ~480 mg/kg 之间变化,占沉积物总磷(TP)的比例为 12.0% ~ 42.0%,可见有机磷是湖泊沉积物中磷的重要组成部分,其含量及形态特征变化也与湖泊富营养化有关,因此,研究湖泊沉积物中有机磷形态特征及其分布规律对探求湖泊磷的迁移、转化有所帮助。

传统的化学连续提取法是沉积物中磷形态分级研究的有效手段,它利用各种性质不同的化学提取剂依次分离沉积物有机磷的各形态,并根据不同提取剂中有机磷含量的差异反映其迁移转化能力、稳定性及潜在的生物有效性等,从而反映沉积物中有机磷的生物地球化学特征及其与富营养化之间关系。

早期 Sommers 等采用 1 mol/L 盐酸和 0.3 mol/L(冷、热)氢氧化钠对湖泊沉积物中有机磷进行初步连续分离提取,然后通过阴离子交换色谱柱分离方法,将沉积物有机磷分为碱性、中性和酸性 3 部分。1978 年,Bowman 和 Cole 提出较为系统的土壤中有机磷的分级方法,并将有机磷提取态分为高稳性有机磷(Highly Resistant Organic P,HROP)、活性有机磷(Labile Organic P,LOP)、中活性有机磷(Moderately Labile Organic P,MLOP)和中稳性有机磷(Moderately Resistant Organic P,MROP)4 种形态,还有少量有机磷(如植酸磷)包括在残渣内。1991 年,Oluyedun 等通过对比上述两种方法,应用于北美洲的安大略湖昆蒂湾沉积物中有机磷形态研究,并认为 Bowman 和 Cole 更有实际意义并推荐应用到沉积物有机磷的分离中。Ivanoff 连续分级提取法对早期发展有机磷提取方法做了进一步优化与补充,多加分析残渣态有机磷,弥补了过去对有机磷提取回收率不高的缺陷,将有机磷分成 3 种形态:① 活性有机磷($NaHCO_3$−P),用 0.5 mol/L $NaHCO_3$(pH 8.5)提取;② 中活性有机磷(HCl−P),先用 1 mol/L HCl 提取,后用 0.5 mol/L NaOH 浸提,其中 NaOH 提取液用浓盐酸酸化至 pH 为 0.2,腐殖酸沉淀富里酸溶解于溶液中,离心分离获得中活性有机磷(富里酸结合态磷,Fluvic acid−P)和一部分非活性有机磷(腐殖酸结合态磷,Humic acid−P);③ 非活性有机磷,包括 Humic acid−P 和残渣态有机磷(Residual−P)。以上有机磷的分析方法均是先测定所提取的组分中的无机磷,再测定组分中总磷,总磷与无机磷的差值即为有机磷部分。

在国内,金相灿等利用 Bowman−Cole 有机磷连续分级法对长江中下游流域的一些湖泊沉积物中的有机磷形态分布特征进行研究,同时将其结果与同一区域的土壤进行比较。长江中下游湖泊中分级提取有机磷形态的含量分布顺序依次为:中活性有机磷(MLOP) > 中稳性有机磷(MROP) > 高稳性有机磷(HROP) > 活性有机磷(LOP)。从有机磷与湖泊富营养化的相互关系角度考虑,在湖泊富营养化过程中提供生物有效性有机磷方面,湖泊沉积物中有机磷比对应湖区土壤中有机磷的潜力更大。霍守亮等采用 Ivanoff 连续提取方法对我国 7 个典型湖泊(巢湖、杞麓湖、程海、泸沽湖、青海湖、乌梁素海、呼伦湖)中有机磷形态分布进行研究,结果表明不同形态有机磷含量大小依次为:Residual−P(残渣态磷) > HCl−P > Fluvic acid−P(富里酸磷) >

Humic acid—P(腐殖质酸磷)＞NaHCO₃—P,区域差异和湖泊营养水平差异均会影响沉积物有机磷形态分布特征。长江中下游湖泊沉积物中活性有机磷为主要成分,而云贵高原湖泊沉积物非活性有机磷为主要成分,同时,磷污染较重的富营养化湖泊沉积物中有机磷总量及不同形态有机磷含量都要高于中营养化及营养盐污染很小的湖泊沉积物。对于富营养化的浅水湖泊而言,活性有机磷和中活性有机磷是沉积物有机磷的主要组分,而非活性有机磷是深水湖泊沉积物有机磷的主要组分。这些利用化学连续提取法研究湖泊沉积物中有机磷形态含量及其分布特征的结果表明有机磷是湖泊沉积物中磷循环的活跃组分,同时在湖泊富营养化过程的研究中应该重视对有机磷的研究。

12.3　研究目的及内容

12.3.1　课题来源与意义

湖泊富营养化已成为一个世界性的湖泊环境问题,在经济快速发展的中国尤为严重。近年来我国已经进行了大量的治理工程和科技投入,但是太湖、巢湖、滇池局部区域的底泥污染问题依然严重,而底泥的内源作用使得其成为影响水生态环境改变的一个重要因素,因此,如何有效地预防和控制内源污染是目前水环境治理工作的一项重要内容。在已取得一定工程效果的蠡湖,通过工程实施后水体与沉积物中磷的深入调查与分析,以及水环境磷容量和污染物削减能力的计算,提出关于蠡湖营养盐磷的控制对策及相关工程,对下一步如何继续提高蠡湖水体质量、防治水体富营养化等具有可靠的指导作用及重大的现实意义。本研究在国家重大科技专项"太湖富营养化控制与治理技术及工程示范"的第13项子课题"太湖新城湖滨流域水质改善与生态修复综合示范"(课题编号:2012ZX07101—013)的资助下进行了现场采样、监测、室内模拟和分析等工作。

12.3.2　技术路线和总体思路

本研究的技术路线如图12.4所示。

本研究研究主要围绕环境工程初步整治,通过分析内源污染的蠡湖水体及沉积物磷时空分布,计算磷的水环境容量和污染负荷,提出蠡湖磷污染的下一步控制对策从以下3方面开展工作。

(1)对研究区域水体进行磷元素的空间分布、季节特征的调查,并对其历年变化与相关因素进行对比分析。

(2)在沉积物的调查中分为间隙水调查和表层沉积物调查,分析间隙水及沉积物中磷形态的季节特征及其与有机质的关系,对表层沉积物按照US EPA标准进行分级,确定营养盐磷的污染范围,并根据污染等级对污染范围进行分区。

(3)通过计算蠡湖水环境磷容量、沉积物磷扩散通量,分析磷污染负荷的削减能力,并提出下一步治理的控制对策及建议。

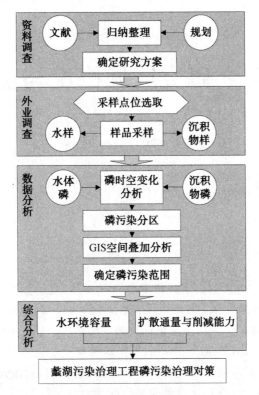

图 12.4　技术路线

（GIS：Geographic Information System，地理信息系统）

第 13 章　　研究区域概况与实验方法

13.1　研究区域概况

13.1.1　地理位置

同本书 8.1 节。

13.1.2　气象条件

蠡湖所处的无锡地处湿润的北亚热带季风气候区,夏季盛行东南季风,天气晴热;冬季有冷空气入侵,多偏北风,寒冷干燥;春、秋季为风向过渡的季节。年平均气温 15.4 ℃,极端最高气温 37.7 ℃,极端最低气温 −8.0 ℃。平均年降水日数为 125 天,年降水量约 1 112.3 mm,蒸发量 920 mm,年内降水量及蒸发量分布不均匀,5～9 月的汛期雨量占年平均降水量 60% 以上,蒸发量占全年蒸发量的 50%。湖区 3～8 月的主导风向为东南风,10 月～次年 2 月的主导风向为西北风,多年平均风速为 3.0 m/s。

13.1.3　水文概况

蠡湖附近的代表性水位站主要有位于梅梁湖犊山枢纽的犊山闸站和无锡南门站,据统计,犊山闸站多年平均水位为 3.17 m,多年最高日均水位为 3.64 m,最低日均水位为 2.87 m。五十年一遇设计洪水位为 4.53 m,蠡湖正常蓄水位为 3.30 m 左右,常年水位为 3.07 m,平均水深 1.80 m,相应库容约 1 800 万 m³。

蠡湖环湖水系隶属于滨湖区,按照地形特点,可由东到西分成锡南、蠡湖及梅梁湾 3 个片区。蠡湖水系东连京杭大运河,西靠梅梁湖,南通太湖,北接梁溪河,形成一个闭合的水系体系。南北向主干河道有蠡溪河、骂蠡港、长广溪、蠡河、庙桥港,东西向主干河道有梁溪河、陆典桥浜、曹王泾、南大港、板桥港、大溪港。连通河道上目前均建有控制水闸。蠡湖北面河道及西南侧山丘区河道以入湖为主,东南侧河道以出湖为主,平时总体流速均很小,水体流动性相对不大。遇暴雨洪水时,蠡湖可通过节制闸、梅梁湖泵站等向太湖排水,缺水时又能从太湖引水,具有一定的调节作用。

蠡湖由河道闸门控制入湖河段及支浜较多,包括小渲河、陆典桥浜、丁昌桥浜、蠡湖中央公园河、陈大河、长桥村河、蠡溪河、蠡湖公园河、连大桥浜、庙泾浜、水居苑河、蠡湖泰德新城河、骂蠡港、曹王泾、金城湾浜、北祁头河、蠡湖大桥公园河、威尼斯花园河、张庄港河、江南大学河、长广溪、长广村河、袁家湾河、蠡盛桥河、太湖虹桥花园河、太湖花园度假村河、鼋头渚公园河等,各河道基本情况详见表 13.1。

表 13.1　蠡湖主要入湖河道基本情况

河道	长度 /km	底高程 /m	底宽 /m
小渲河	1.2	1.5	18
陆典桥浜	1.6	1.5	4
丁昌桥浜	2.6	1.5	15
蠡湖中央公园河	1.3	1.6	4
陈大河	2.2	1.6	6
长桥村浜	0.87	1.6	4
蠡溪河	2.2	1.5	14
蠡湖公园 1 号河	0.34	1.6	4
蠡湖公园 2 号河	0.43	1.5	4
连大桥浜	1.46	1.5	10
庙泾浜	1.4	1.5	17
水居苑河	0.4	1.5	4
蠡湖泰德新城河	1.303	1.5	4
骂蠡港	3.5	0 ～ 1	35
曹王泾	6.46	0.5 ～ 1	5 ～ 15
金城湾浜	0.87	1	6
北祁头河	2.62	1	4
蠡湖大桥公园河	1	1	4
威尼斯花园河	2.8	1	4
张庄港河	2.3	1	6
江南大学河	7.62	1	4
长广溪	9.2	0.5	8 ～ 15
长广村河	1.16	1.5	4
袁家湾河	0.55	1.5	4
蠡盛桥河	0.36	1.5	4
太湖虹桥花园河	0.5	2	4
太湖花园度假村河	0.16	2	4
鼋头渚公园河	0.26	4	4

注:引自蠡湖水环境深度治理和生态修复规划。

13.1.4　社会经济环境

无锡是我国经济最发达的地区之一。据统计,截至 2012 年末,无锡市全市常住人口为 646.55 万人,全市实现地区生产总值 7 568.15 亿元,规模以上工业总产值 14 499.66 亿元。按常住人口计算人均生产总值 81 151 元,按现行汇率折算达 1.87 万美元。

蠡湖所处的无锡市滨湖区,不仅是著名的我国古代吴文化发源地,也是我国近代民族工商业和当代乡镇企业的发源地之一。近年来,无锡市在蠡湖周边区域陆续投入大量资金,规划建设了以园林景观为主要特色、占地面积高达300多公顷的蠡湖风景区。风景区以蠡湖地区深厚的文化底蕴为基础,以江南园林的独特造诣为特色,结合现代园林艺术,相继修复了蠡湖公园、中央公园、渤公岛生态公园、水居苑、蠡湖大桥公园、长广溪湿地公园、宝界公园、管社山庄等10个具有完整游览要素的公园,以及长广溪湿地科普馆、西堤、蠡堤、蠡湖展示馆4处参观游乐景点。

随着无锡市的城市规模向特大城市发展,城市建设重心已逐渐向蠡湖流域转移。根据新的《无锡市城市发展总体规划》,无锡市将在蠡湖流域建设一个融自然环境与人文环境于一体的人口达30万左右的山水城 —— 蠡湖新城。规划建设用地20 km²,2002年启动建设的6 km²蠡湖新城,空间布局形态为以太湖大道和青祁路交汇处为中心的环形放射状,建筑高度由北向南依次降低,体现从高密度、大尺度开发的城市景观到自然形态的清晰转变,规划设计结合人文历史、自然景观的特征,突出体现以人为本的设计理念,成为集旅游、观光、居住、休闲于一体的生态型新城的典范。

13.1.5　蠡湖综合治理工程

20世纪50年代,五里湖水草茂盛,水质清澈,60年代后随着经济的发展,人为活动的不断加强,五里湖富营养化日益严重,营养盐含量升高,水质下降,湖中沉水植物逐渐消失。进入90年代,水质急速恶化,COD从3.47 mg/L升高到57.0 mg/L,TP、TN也分别从16.0 mg/m³、0.85 mg/L飚升到150 mg/m³、10.92 mg/L。1993年,高水位时水深超过2.5 m,但水质浑浊,透明度仅为0.3～0.5 m。

20世纪80年代末90年代中期,无锡市政府就开展了对蠡湖水污染的治理,主要在梅园水厂取水口、中桥水厂取水口和水秀饭店南边种植水生植物以消除水污染进行实验,在2000年前后治理太湖"零点"行动,控制直接入湖的生活和工业污染,搬迁和关闭了绝大部分工厂,封闭了全部入湖排污口,污水大部分进入污水处理厂处理。无锡市政府为了改善城市环境质量提升城市形象以实现建设卓越的湖滨生态城市战略,于2002年投资5.4亿元启动蠡湖水环境综合整治工程,措施主要包括:① 污水截流,铺设截污干管75 km、支管67 km,每天截流污水约5.5×10⁴ t后进入污水处理厂,在湖周围的环湖河、小渲港、斜径洪、东新河、线径洪、庙东洪、马暴港、张湾里河、板桥港、曹王泾、长广溪11条入湖河道全部建闸控制,阻止外河污水入湖。② 生态疏浚,疏浚总面积5.7 km²,平均清淤厚度0.5 m,共清淤248×10⁴ m³。③ 退鱼塘还湖,采取干塘清淤施工方案,累积清理鱼塘、围堰2.2 km²,挖运土石量225.5×10⁴ m³,将蠡湖的水面面积从原来的6.4 km²扩大到8.6 km²,清除投饵围网养鱼。④ 生态修复与重建,以国家"863"太湖水污染控制与水体修复技术及工程示范项目为载体,结合基底修复,进行挺水植物、浮叶植物、沉水植物的重建与稳态调控,共修复面积为0.98 km²。同时从2006开始,通过"蠡湖净水渔业技术研究与示范"项目,在全湖投放螺、蚌、蚬等600多t,鲢鱼、鳙鱼苗550万尾。⑤ 动力换水和水位调控,在梅梁湾、蠡湖与梁溪河交界处建设兴建50 m³/s泵站1座,进水闸2座,出水闸2座,加快水体交换,改善蠡湖和城市内河水环境。2007年蠡湖水质明显好于周边水体后,结合污水截流工程兴建11座节制闸,控制梅梁湾与蠡湖之间的水流交换,保持蠡湖常年较高水位,防止周边污水进入湖区。⑥

湖岸整治绿化,湖周围建设 36 km 滨水区景观绿化带,累计搬迁沿湖企业 289 家、拆迁建筑面积 35.6×10⁴ m²;搬迁住宅 1 860 户、拆迁建筑面积 32.1×10⁴ m²;建设环湖生态林 331.4×10⁴ m²。经过综合治理,蠡湖水面面积由原来的 6.4 km² 增加到 9.1 km²,西蠡湖区域水生植被的覆盖率、湖水能见度以及生态系统的净化能力和稳定性得到提高。据监测,蠡湖高锰酸盐达到 Ⅲ 类水质标准,总磷指数达到 Ⅳ 类水质标准,总氮和富营养化指数总体呈下降趋势。根据 2010 年章明数据分析结果表明,生态修复区 TN、TP、Chla 以及 SS(Suspended Solids,悬浮物)的含量均有明显降低趋势,而透明度则升高。可以看出整治工程已经取得明显效果,上游主要环湖河道及湖内水质呈现明显好转趋势或持续稳定的态势,但是湖泊治理是一个长期而复杂的系统工程,水体富营养化与水环境污染的形势仍然严重,湖体富营养化和水体污染仍然是目前主要的环境问题,湖体富营养化和水环境污染时空分布不均衡,湖体生态系统的保护与修复是个长期的过程。

13.2　样品的监测与采集

13.2.1　蠡湖采样点布设

为满足研究内容的要求,根据采样选取原则分别于 2012 年 11 月、2013 年 1 月、2013 年 4 月以及 2013 年 6 月分别对全蠡湖进行网格化的采样布点,共设置了 56 个采样点。采样过程中,所有点位均通过 GPS 进行定点,根据具体实际情况,每次及时修正采样点的实际位置。实际布设点详见 8.2.1 节。

13.2.2　样品采集

水体指标采用 pH<2 的硝酸处理过的聚四氟乙烯瓶在水下 30~50 cm 处收集水样,密封采样瓶后置于 2~8 ℃ 的保温箱中保存,并尽快在实验室中分析。

沉积物使用“抓斗式”采样器,采集沉积物表层 10 cm 样品,每个采样点采集 3 个平行样现场混匀,沥水、除杂、搅匀后装入自封袋中密封,并置于 2~8 ℃ 保温箱中保存。

13.3　实验方法与仪器

13.3.1　基本指标测定

现场测定的指标包括水温、pH,氧化还原电位用 Thermo 便携式 PH/ORP 测定仪测定。

水体中 TP、溶解性总磷(DTP)采用钼酸铵分光光度法(GB 11893—89)测定,其中溶解性磷用 0.45 μm 滤膜进行过滤。溶解性有机磷(DOP)用 DTP 与溶解性无机磷(DIP)的差值来计算,Chla 采用分光光度法(SL 88—1994)测定。

沉积物表层底泥鲜样(250 g)在 10 000 r/min 的转速下离心,再用 0.45 μm 过膜,得到间隙水样品,底泥样品先经真空冷冻干燥、研磨、过100目筛后再进行化学实验分析。$PO_4^{3-}-P$使用磷钼蓝比色法(GB/T 8538—1995);可交换态磷使用$MgCl_2$溶液浸提,即称取0.50 g土样于50 mL离心管中,加入25 mL 0.01 mol/L $MgCl_2$,在25 ℃下以220 r/min的转速振荡1 h,在8 000 r/min的转速下离心15 min后得到上清液,测定上清液中磷的含量(磷钼蓝比色法)即为可交换态磷含量;有机质使用重铬酸钾氧化法(HJ 615—2011)。

13.3.2　有机磷的分级提取

　　湖泊沉积物中无机磷和有机磷的连续分级提取采用改进的 Hendly 连续提取法(图13.1)。该方法可以将沉积物中的有机磷分为活性有机磷、中活性有机磷、中稳有机磷、高稳定有机磷。提取方法具体如下:

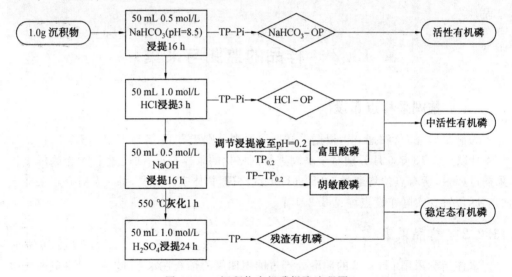

图 13.1　沉积物有机磷提取流程图

　　称取1 g 蠡湖沉积物样品于100 mL离心管中,加入50 mL去离子水,在室温下振荡提取2 h后,8 000 r/min转速下离心分离15 min,弃掉上清液;残渣中加入50 mL 0.5 mol/L NaHCO$_3$(pH=8.5)溶液,室温下振荡萃取16 h后离心、过滤(同上),分别取两份上清液,一份未过45 μm膜,测定总磷(NaHCO$_3$-TP),另一份过45 μm膜,测定无机磷(NaHCO$_3$-IP),总磷减去无机磷后获得活性有机磷(NaHCO$_3$-OP)[以下有机磷获取过程同理],将活性有机磷提取后的残渣加入50 mL 1 mol/L HCl萃取3 h,离心、过滤(同上),得到一部分中活性有机磷;向残渣中继续加入50 mL 0.5 mol/L NaOH萃取16 h,提取液中包括部分中活性有机磷(富里酸磷)和部分稳定态有机磷(胡敏素磷)。为将这两部分分开,采用浓盐酸酸化0.5 mol/L NaOH提取液至pH=0.2,胡敏酸沉淀后,富里酸仍然在提取液中,离心后测定上清液中的富里酸磷,胡敏酸磷通过0.5 mol/L NaOH提取液中的总磷扣除富里酸磷而得。NaOH提取后的残渣经去离子水冲洗后,移入坩埚中,在550 ℃下灰化1 h后,加入1 mol/L H$_2$SO$_4$振荡萃取24 h,测定溶液中总磷,即为稳定态磷。

13.3.3　实验所用仪器

本研究实验所用仪器见表 13.2。

表 13.2　实验仪器及型号

实验仪器	生产厂家及型号
微波马弗炉	美国 CEM 公司 PHOENIX
紫外－可见分光光度计	美国哈希公司 DR－5000
冷冻干燥机	北京博医康公司 FD－1
电热恒温鼓风干燥箱	上海一恒 DHG－9140A
立式压力灭菌器	日本 TOMY SS－325
油浴锅	巩义市予华仪器 ZKYY
超声波清洗器	昆山舒美 KQ5200B
分析天平	梅特勒 AB204－S
恒温摇床	太仓市实验设备厂 HYG－B
离心机	美国 Avanti J－26 XP
恒温烘箱	上海浦东荣丰科学仪器 DHG－9140A

13.4　数据处理

在研究实验中,所有测定指标均监测 3 个平行样品,取去除误差大于 5% 后样品的平均值,并在样品中不时插入一组标准样品(沉积物标准品 GSD－4a)进行精度矫正,实验数据均用 Excel 2010 和 SPSS 18.0 软件检验、统计并做适当处理后,采用 Origin 8.0、Surfer 11.0 及 ArcGIS 9.3 进行分析并绘图。

第14章　蠡湖水体磷时空分布特征

对开展湖泊综合整治工程的蠡湖水体的总磷及其形态的变化分布进行跟踪调查,根据不同工程措施下,水体中磷的空间分布特征、季节变化规律,分析历年蠡湖水体磷的分布趋势及其环境影响效应,为全面了解蠡湖磷污染状况及进一步治理提供基础资料。

14.1　蠡湖水体磷的空间分布

14.1.1　采样点的物理指标及分布特征

在湖泊生态系统中,水体磷的释放对藻类、浮游植物的大量繁殖有促进作用,其形态和含量不仅决定了湖泊初级生产力和生态系统的稳定程度,还是湖泊富营养化过程中关键的影响要素之一。由水体磷污染而引起的富营养化问题,是近年来环境问题的一个焦点。

叶绿素 a(Chla) 作为评估水体初级生产力指标之一,也是估算藻类生物量较好的指标,蠡湖水体 Chla 质量浓度为 $0.22 \sim 104.16$ mg/m^3,平均为 (15.53 ± 1.82)mg/m^3。夏季和秋季的分布特征相似,总的分布趋势为 D 区 > C 区 > B 区 > A 区,Chla 的高值区均主要集中在水居苑及骂蠡港入湖河口处。在春季和冬季 Chla 的高值区主要集中在蠡湖东出口,如图 14.1 所示。

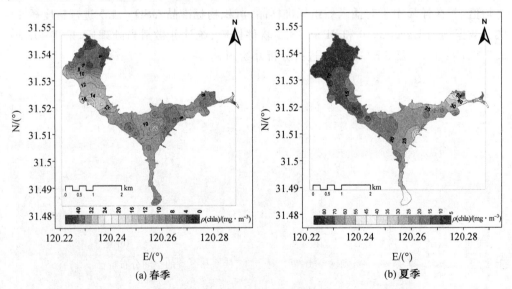

图 14.1　蠡湖 Chla 在春季、夏季、秋季和冬季的空间分布特征

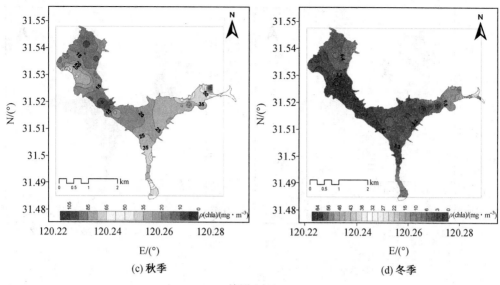

(c) 秋季　　　　　　　　　　　　　　　　(d) 冬季

续图 14.1

水体悬浮物(SS)是水质和水环境评价的重要参数之一,其含量的高低会影响水体的生物量和初级生产力,蠡湖水体 SS 全年质量浓度为 1.00 ~ 78.00 mg/L,平均为(17.27±1.07)mg/L,季节变化的总趋势是冬季<春季<夏季<秋季,且冬季显著低于其他季节($P < 0.01$),如图 14.2 所示。

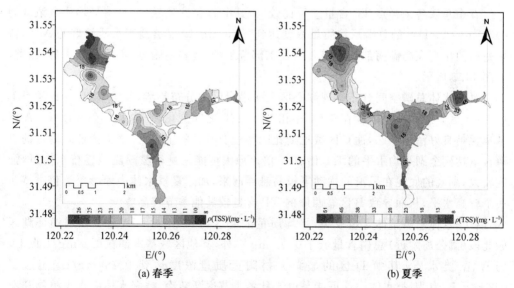

(a) 春季　　　　　　　　　　　　　　　　(b) 夏季

图 14.2　蠡湖悬浮物在春季、夏季、秋季和冬季的空间分布特征

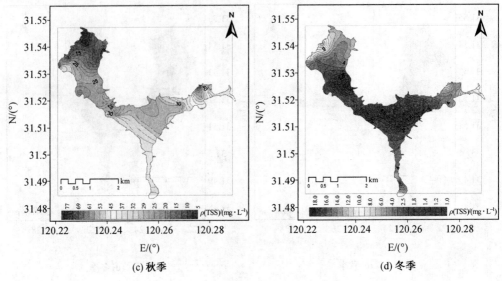

(c) 秋季　　　　　　　　　　　　　　(d) 冬季

续图 14.2

14.1.2　蠡湖水体 TP 的不同季节空间分布特征

蠡湖水体中总磷空间分布特征比较明显,年度 TP 质量浓度在 0.06～0.31 mg/L 之间,平均为 0.07 mg/L,总体上呈现出由西向东总磷污染逐渐增大,西蠡湖 < 东蠡湖,湖心小于沿岸区的分布趋势。A 区、B 区、C 区和 D 区的质量浓度年均值分别为 (0.046 ± 0.013) mg/L、(0.067 ± 0.026) mg/L、(0.082 ± 0.048) mg/L 和 (0.095 ± 0.072) mg/L。

春季总磷各采样点 TP 含量差异比较大,其中 A 区水质较好,总磷平均质量浓度为 0.04 mg/L。D 区的总磷平均质量浓度达到 0.09 mg/L,显著高于水质较好的 A 区,特别是高值出现在蠡湖南部长广溪公园及东部曹王泾、骂蠡港附近,水质达到了劣 V 类,如图 14.3 所示。

夏季水体总磷空间分布呈现湖心区大于沿岸区的分布趋势,其中 C 区 > B 区 > D 区 > A 区。总磷质量浓度在 0.04～0.16 mg/L 之间变化,平均为 0.07 mg/L,A 区基本保持良好清洁状态,而 C 区威尼斯花园附近及 B 区的宝界村、鼋头渚公园附近的总磷含量达到全湖平均水平的 1.3 倍、1.7 倍。原因可能是夏季蠡湖流域盛行东南风,强度较大,湖底的底泥在风浪的扰动下极易悬浮起来,加之夏季水体中浮游藻类仍维持在一个较高水平,从而导致 B 区靠西岸的 TP 含量较其他季节较高。

秋季水体总磷整体含量较高,平均质量浓度达到 0.12 mg/L,除了在退渔环湖区的北段(渤公岛附近)总磷含量低于 0.05 mg/L 外,其他区域基本都在 0.1 mg/L 以上,为 IV、V 类水质,其中 D 区的蠡湖大桥附近质量浓度达到 0.28 mg/L,超过了 0.2 mg/L,为 V 类水体。这可能是由于秋冬季节逐渐转冷,蠡湖水体中水生植物和浮游植物大量死亡,加之湖底表层沉积物在风浪的作用下很容易悬浮,水体中的悬浮物含量升高,加速底泥中磷与水体之间的频繁交换,导致水体总磷含量较高。

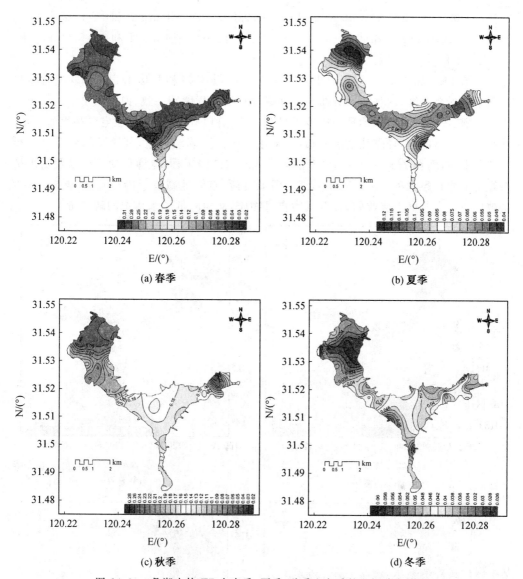

图 14.3　蠡湖水体 TP 在春季、夏季、秋季和冬季的空间分布特征

　　冬季蠡湖水体总磷质量浓度较低,且整体差异性不显著($P > 0.05$),变化范围在 $0.03 \sim 0.06$ mg/L 之间,平均为 0.04 mg/L。蠡湖地区冬季多偏北风,且风速较小,导致水体扰动较小,水体悬浮颗粒物不断下沉,水体透明度较高,有些区域甚至清澈见底,叶绿素含量也随之降低,而高值主要分布在 C 区的蠡湖大桥以西及长广溪大桥附近。

14.1.3　蠡湖水体 DTP、DOP 的不同季节空间分布特征

　　水中磷的含量和存在形态决定了水体中磷能否使湖泊发生富营养化。蠡湖水体 DTP、DOP 质量浓度年度变化范围分别介于 $0.01 \sim 0.11$ mg/L、$0 \sim 0.09$ mg/L 之间,平均质量浓度分别为 0.03 mg/L、0.02 mg/L,总体上呈现出由东向西总磷污染逐渐增大的趋势,其中 A 区、B 区、C 区、D 区的 DTP 和 DOP 年度平均质量浓度分别为

0.007～0.037 mg/L 和 0.00～0.03 mg/L、0.007～0.071 mg/L 和 0～0.08 mg/L、0.009～0.085 mg/L 和 0.00～0.08 mg/L、0.012～0.089 mg/L 和 0～0.09 mg/L，如图 14.4 和图 14.5 所示。

由图 14.4 和图 14.5 可以看出，与 TP 趋势相似，C 区和 D 区 DTP 与 DOP 含量显著高于 A 区和 B 区，这种空间分布与蠡湖综合整治的程度较一致，说明恢复水生植被重建生态、疏浚底泥及流域治理措施效果显著。C 区和 D 区周边多为住宅区和生活区，尤其是在东出口区域，环湖住宅区密布，许多住宅区甚至临湖而建，其居民的生活直接影响蠡湖水质，而在 A 区和 B 区，已开展的底泥环保疏浚工程、退渔环湖工程以及水生植被修复工程在很大程度上清除了蠡湖磷污染负荷，有效地减少了内源释放，同时，水生植被也在一定程度上吸收磷，并合成为自身物质，从而降低了水体中的磷含量。

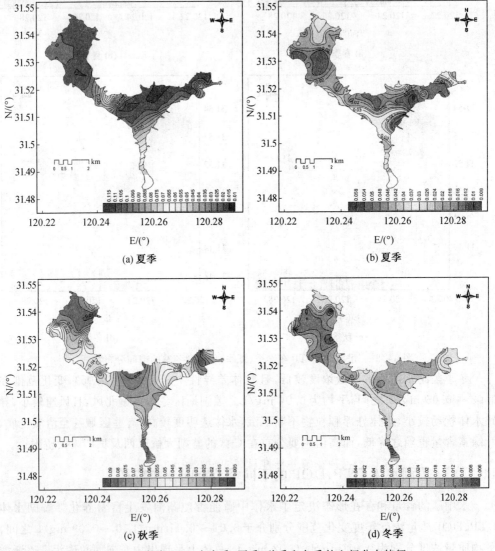

(a) 夏季　　　　　　　　(b) 夏季

(c) 秋季　　　　　　　　(d) 冬季

图 14.4　蠡湖 DTP 在春季、夏季、秋季和冬季的空间分布特征

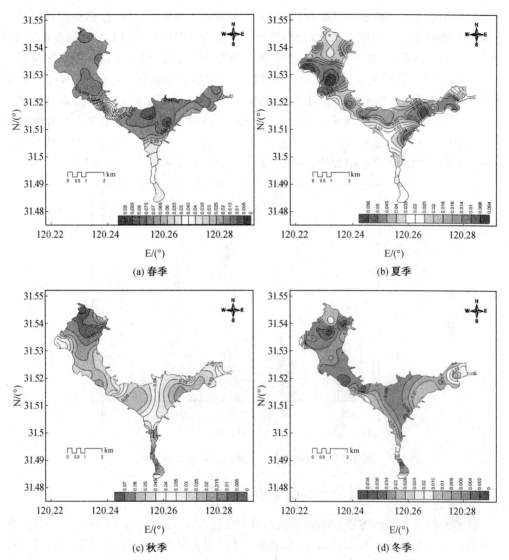

图 14.5　蠡湖 DOP 在春季、夏季、秋季和冬季的空间分布特征

14.2　蠡湖水体磷的季节变化

14.2.1　蠡湖水体总磷的季节变化特征

本研究发现,水体中 TP 季节差异性显著(单因素方差分析,$P < 0.01$),总磷的变化趋势为秋季 > 夏季 > 春季 > 冬季,TP 平均含量在春季、夏季、秋季和冬季分别为(0.055 ± 0.021) mg/L、(0.069 ± 0.017) mg/L、(0.121 ± 0.055) mg/L 和(0.040 ± 0.009) mg/L,其中秋季水体中磷含量显著高于其他季节($P < 0.01$)。

不同区域之间 TP 季节变化也有所差异,如图 14.6 所示,A 区整年基本保持在 Ⅲ类水质以内,夏季 TP 质量浓度 A 区达到最高值(0.055 mg/L),这可能是因为 A 区包括蠡湖开展的水生态植被重建工程,即退渔还湖的渤公岛附近区域,已初步建立起了一个水生植物较为完整的生态系统,在春季菹草已成为绝对优势种且有自然恢复的迹象,沉水植物对水体起着"过滤"、消浪和抑制底泥再悬浮的作用,提高了湖体的自净能力。B区、C区夏季与秋季均超过了全年水体 TP 质量浓度的均值(0.07 mg/L),并且明显看出秋季 TP 质量浓度水平逐渐升高,到达 D 区,则 TP 的质量浓度为年度最高水平。夏季,蠡湖周边的园林、绿地建设需要施用大量的有机肥料、尿素、复合肥以及各种杀虫剂,这些施用的化肥、农药等将有一部分随着降水、地表径流等进入蠡湖;加之夏季高温导致沉积物中的磷矿化速率加快,在风浪的扰动下导致水体中总磷含量升高。

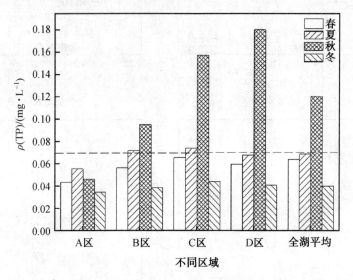

图 14.6　蠡湖 TP 在春、夏、秋、冬的季节变化

14.2.2　蠡湖水体不同形态磷的季节变化特征

蠡湖水体中不同形态磷在不同区域的季节变化如图 14.7 所示,上覆水中磷含量存在季节性显著差异($P<0.01$),颗粒态磷随季节的变化呈现先升高后下降的趋势,在秋季达到最大质量浓度(0.074±0.040) mg/L。这可能是因为在秋季藻类大量死亡,释放出一定量的磷,同时,水体中磷的利用量减少,加之在风力扰动下的底泥再悬浮也会增加磷的内源释放量。颗粒态磷占总磷的比例全年均较高,春季、夏季、秋季、冬季分别为 60%、64%、61% 和 50%,这与蠡湖悬浮物含量居高不下有关,同时从侧面说明了蠡湖上覆水中磷的主要来源可能是沉积物的再悬浮和藻类自身的磷。

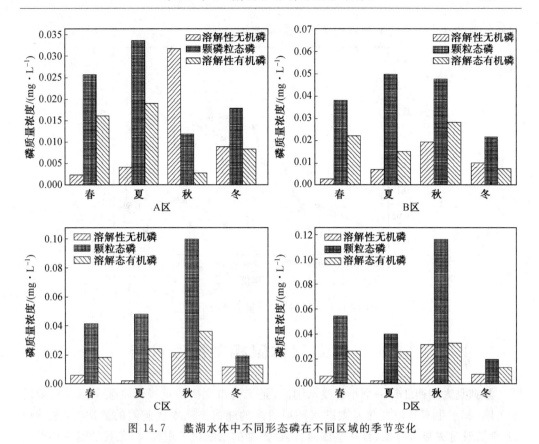

图 14.7　蠡湖水体中不同形态磷在不同区域的季节变化

14.3　蠡湖水体磷的年际变化

水体中总磷的含量是影响蠡湖水质的主要影响因子之一。近 20 年来,蠡湖的营养水平一直维持在较高的含量水平,且总体趋势为先升高后稳定最后下降,如图 14.8 所示。

二十世纪五六十年代,蠡湖水体清澈见底,水质较好,植被覆盖率几乎达到 100%。1949—1951 年水质监测资料表明:水体中磷质量浓度较低,无机磷为 0.009 7 mg/L,而透明度年均值可达 1.44 m,水体为中营养状态,完全符合饮用水源标准。自 60 年代末 70 年代开始,围湖养鱼和外源输入不断增加,导致水体中 TP 含量开始上升。1980—1981 年的调查数据表明,蠡湖水体中 TP 质量浓度为 0.016 mg/L,仍处于 Ⅲ 类水质标准;而后随着污染的加剧加速了水体富营养化的发展,到了 80 年代中后期,水体中 TP 的质量浓度急剧升高,随后 TP 的质量浓度一直维持在较高水平。2001 年蠡湖及其周边主要环湖河流的水质均为劣 Ⅴ 类,富营养化状态极其严重,沉水植物逐渐消失,是太湖水环境恶化的重灾区。2003 年,无锡市政府开始实施蠡湖综合整治工程,水体中磷含量开始下降,尤其是 2012 年以后,水体中 TP 质量浓度在 0.07 mg/L 左右波动,基本维持在 Ⅳ 类水质标准。因此,若要进一步改善水质,实现蠡湖 Ⅲ 类水质目标,就要进一步开展水环境的深度治理及湖泊生态系统的恢复与调控,促使蠡湖的水生态系统向稳定的草型生态系统转变。

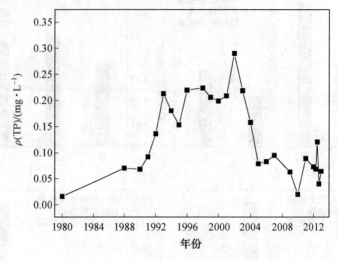

图 14.8　　蠡湖 TP 质量浓度历年变化

14.4　　蠡湖水体磷相关因素分析

　　蠡湖是太湖西北部一个小型浅水湖湾,是无锡市主要的风景游览区和原来重要的水源地,其水生态环境变化是太湖水环境治理的缩影。从本次监测的数据看,水体中TP 含量较过去显著降低,且从整体而言,西蠡湖的水质优于东蠡湖,尤其是退渔还湖区(A 区),基本处于 Ⅲ、Ⅳ 类水质标准,而且水体营养状况总体呈现出由重度富营养化向轻度富营养化转变的趋势。同时应该看到,蠡湖目前正处于从藻型浊水态向草型清水态转换的过渡时期,部分湖区(C 区和 D 区)的水体 TP 依然处于 Ⅳ、Ⅴ 类水平,而且水体 TP 年内均有周期性变化,在冬季和春季水质较好,但夏季和秋季水质较差,尤其是秋季,水体基本处于 Ⅳ、Ⅴ 类水平。加之蠡湖水体透明度和悬浮物等感官指标没有显著改善,目前仍呈现出典型的藻型生态系统特征,因此可以看出,蠡湖水体的富营养化问题仍然没有从根本上得到解决,水体中磷含量仍处于一种不稳定的状态。

　　蠡湖水体中磷主要是以颗粒态的形态占优势,DTP 占 TP 的比例在 11% ～ 90% 之间,平均为 59%,除了冬季 DTP 占 TP 的比例在 50% 外,其余季节均在 60% 以上。蠡湖水体 TP 与 DTP 和 SS 的相关性分别如图 14.9 和图 14.10 所示。相关性分析表明,TP 与 DTP 和 SS 都正显著相关($P < 0.01$),而且相关性系数都很大,说明悬浮颗粒物吸附态的磷及浮游生物态的磷是蠡湖磷的主要贡献者,其次是各种途径进入水体的DTP,此结果与高光等对太湖水体中总磷主要由颗粒态磷组成的结论相似。对于蠡湖而言,尽管近年来的外源截污工程削减了外源性磷的输入,但由于蠡湖目前仍处于藻型生态类型,浮游植物的生物量仍维持在一定的水平,加之风浪的扰动使得水体中的悬浮物含量较高而透明度较低,进而导致水体中 TP 的质量浓度维持在一个较高水平。

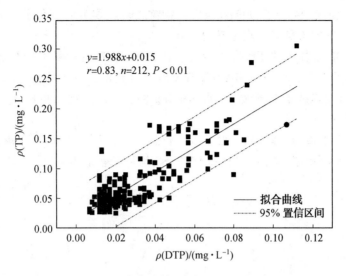

图 14.9 蠡湖水体 TP 与 DTP 的相关性

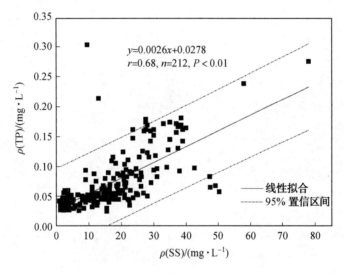

图 14.10 蠡湖水体 TP 与 SS 的相关性

14.5 本章小结

从空间分布上看,蠡湖水体 TP 的质量浓度在 $0.03 \sim 0.31$ mg/L 之间变化,年均质量浓度为 0.07 mg/L;DTP 的质量浓度在 $0.01 \sim 0.11$ mg/L 之间变化,平均质量浓度为 0.03 mg/L;DOP 的质量浓度介于 $0 \sim 0.09$ mg/L 之间,平均值为 0.02 mg/L。总体呈现出由东向西总磷污染逐渐增大、东蠡湖小于西蠡湖、湖心小于沿岸区的分布趋势。

从季节变化上看,蠡湖水体中 TP 差异性显著,其中 TP 在春、夏、秋、冬 4 个季节的平均质量浓度分别为 (0.055 ± 0.021) mg/L、(0.069 ± 0.017) mg/L、$(0.121 \pm$

0.055) mg/L 和(0.040±0.009) mg/L。颗粒态磷随季节的变化呈现先升高后下降的趋势,其中秋季的含量显著高于其他季节。

从年际上看,水体中的 TP 在 20 年间一直维持在较高的含量水平上,总体趋势为先升高后稳定最后下降。2003 年开始,随着蠡湖综合整治工程的实施,水体中磷的质量浓度开始下降,尤其是 2012 年以后,水体中 TP 的质量浓度在 0.068 mg/L 左右波动,基本维持在 Ⅳ 类水质标准。

从影响因素上看,水体中磷主要是以颗粒态的形态占优势,颗粒态磷占 TP 的比例为 11% ~ 90%,平均为 59%。TP 和 DTP、SS 均呈显著正相关。

第15章　湖泊底泥磷的时空分布特征

在湖泊中,沉积物作为磷元素累积和再生的场所,一方面可以吸附水中的磷,另一方面活性有机碎屑层中的磷在微生物等作用下,更容易释放出较高的磷酸盐,从而驱使磷酸盐向间隙水中扩散,最终释放到上覆水体中。在外源污染得到有效截控的情况下,治理湖泊底泥中磷元素释放所造成的"二次污染"是控制湖泊富营养化的有效手段。因此,确定底泥中磷元素的污染范围才能采取更有针对性的工程措施治理磷污染。

15.1　蠡湖间隙水中 DTP 与 DIP 的季节分布特征

间隙水是沉积物向上覆水过渡的介质,间隙水是连接上覆水和沉积物的纽带,其中营养物质含量的高低直接影响湖区水质。蠡湖间隙水中 DTP 质量浓度的年均变化在 $0.013 \sim 1.379$ mg/L 之间,平均为 0.18 mg/L。

蠡湖间隙水中 DTP 在春季、夏季、秋季、冬季的分布特征如图15.1所示。由图15.1可以看出,蠡湖间隙水季节变化特征明显表现规律是夏季＞秋季＞冬季＞春季,其中夏季 DTP 质量浓度变化范围在 $0.01 \sim 1.38$ mg/L 之间,最大值位于曹王泾附近;秋季 DTP 质量浓度变化范围在 $0.02 \sim 0.87$ mg/L 之间,平均值为 0.22 mg/L,高值普遍在 C 区的威尼斯花园以及 D 区的水居苑和蠡湖大桥附近。春季和冬季与夏季和秋季相比,DTP 质量浓度不是很高,平均值分别为 0.13 mg/L、0.14 mg/L。4 个季度的 DTP 含量均超过其相应区域水体的含量,产生的这个含量差为沉积物中磷盐向上覆水体含量扩散提供了基础。

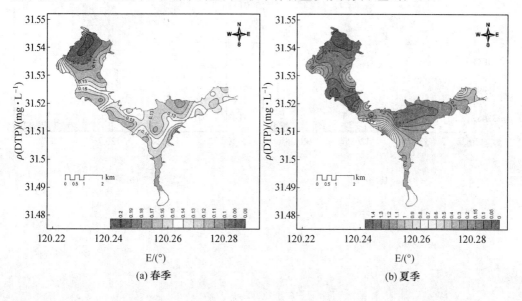

(a) 春季　　　　　　　　　　　　　(b) 夏季

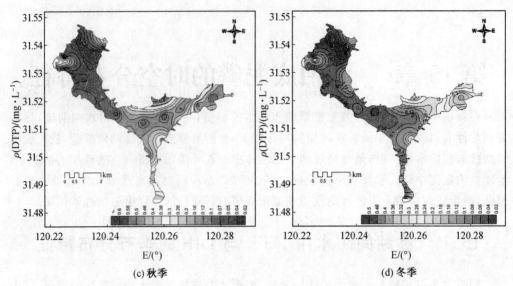

图 15.1　蠡湖间隙水中 DTP 在春季、夏季、秋季、冬季的分布特征

　　蠡湖间隙水中 DIP 质量浓度的年均变化范围在 0 ~ 0.90 mg/L 之间,平均为 0.09 mg/L,如图 15.2 所示。与 DTP 不一致的是,蠡湖间隙水中 DIP 的质量浓度在秋季(平均 0.17 mg/L)比夏季(平均 0.12 mg/L)要高,虽然夏季宝界桥以南地区仍然是全年的最高值(0.91 mg/L),但季节平均值要比秋季平均值低 33%。

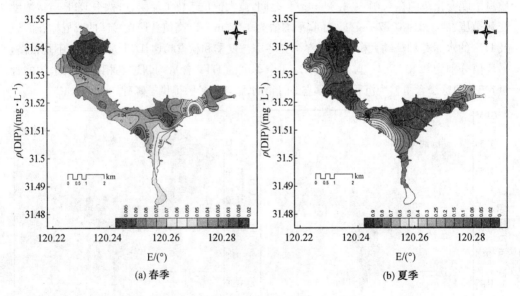

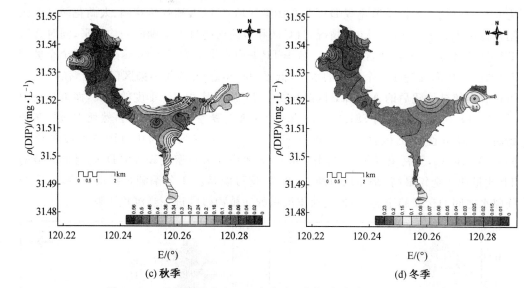

图 15.2　蠡湖间隙水中 DIP 在春季、夏季、秋季、冬季的分布特征

15.2　蠡湖沉积物总磷及其形态的季节分布特征

15.2.1　总磷季节分布变化

不同季节蠡湖沉积物 TP 分布特征比较明显，年均变化范围在 320.52 ～ 1 929.54 mg/kg 之间，平均为(667.68±16.2)mg/kg。其中，A 区、B 区、C 区和 D 区年均变化范围分别为 320.52 ～ 781.27 mg/kg、365.20 ～ 1 286.87 mg/kg、405.01 ～ 1 929.54 mg/kg 和 638.11～1 534.74 mg/kg。整体由西向东逐渐增大，TD 质量比呈现出 A 区＜B 区＜C 区＜D 区的变化趋势，与水体相似，西蠡湖＜东蠡湖。

US EPA 根据多年调查经验，制定了一套针对湖泊沉积物的质量标准，本次研究参照 US EPA 标准，结合蠡湖数据特点，将湖泊沉积物 TP 质量比分为四类污染状态，见表 15.1。

表 15.1　表层沉积物磷污染状态

污染物分类	无污染	轻度污染	中度污染	重度污染
$w(TP)/(mg \cdot kg^{-1})$	＜ 420	420 ～ 535	535 ～ 650	＞ 650

如图 15.3 和图 15.4 所示，全年角度上看，春季蠡湖中 TP 质量比平均为 594.84 mg/kg，D 区 TP 质量比平均为 785.99 mg/kg，尤其是蠡湖大桥附近水域 TP 质量比达到最大值(1 062.08 mg/kg)，而 A 区 TP 质量比并非和 D 区一样，它的平均质量比(458.77 mg/kg)几乎与 US EPA 标准第一级别(＜ 420 mg/kg)持平，视为无污染区。这可能是因为春季万物复苏，A 区和 B 区在开展水生植被重建工程后，生态系统逐渐修复，狐尾藻、马来眼子菜、微齿眼子菜等沉水植物快速生长需要大量吸取底泥中的营养成分，并且环保疏浚工程中也清除了大量的淤泥。夏季沉积物中 TP 质量比平均

为 646.26 mg/kg,该季节不仅 D 区为高污染区域,C 区太湖虹桥花园、太湖花园度假区附近也出现大于 800 mg/kg 的情况,且 C 区和 D 区均超过了全湖的平均水平,同时 A 区 TP 仍继续保持一个较低含量水平。秋季 TP 平均质量比为 720.60 mg/kg,整个东蠡湖 TP 的质量比都维持在一个较高的水平,低于 500 mg/kg 的无污染区仅占全湖的 16%,可以看出植被重建后的 A 区和 B 区沉积物中 TP 质量比为 4 个季度的最高,而渤公岛附近水域 TP 质量比也达到 781.27 mg/kg,这可能与秋季沉水植物的自然死亡,根、茎开始腐烂、降解使得沉积物中 TP 得到积累有关。冬季沉积物中 TP 平均质量比为 698.36 mg/kg,重污染区域占全湖的 38%,多集中在人口密度较大的 D 区,且此区域的 TP 质量比为全年最高,是年均值的 1.38 倍,这可能是由于冬季湖水扰动较少,底泥与间隙水之间的交换趋于稳定,加上秋季沉积的动植物残骸进一步沉积所致。

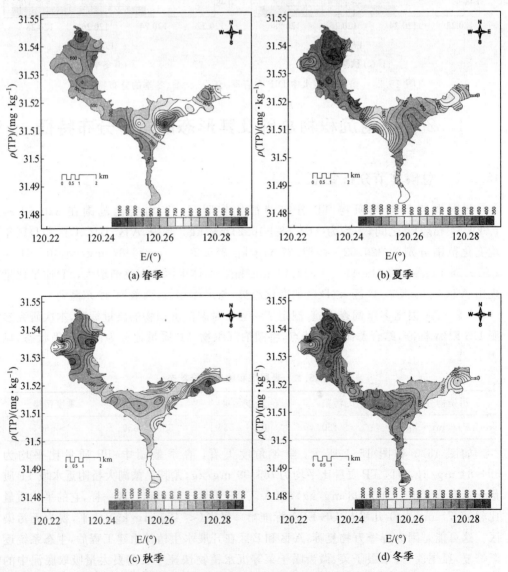

图 15.3　蠡湖沉积物中 TP 在春季、夏季、秋季和冬季的分布特征

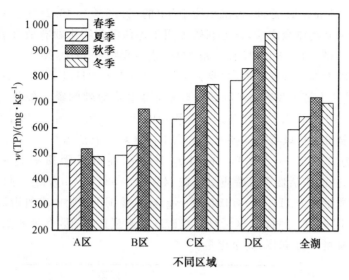

图 15.4　蠡湖沉积物中 TP 质量比随季节的变化

15.2.2　磷形态的分布特征

采用改进的 Hendly 方法连续提取蠡湖沉积物总磷在各形态中的分布特征,如图 15.5 所示。沉积物中各形态磷主要包括无机磷和有机磷两个部分,二者均通过磷相连的羟基与外界的颗粒物发生吸附和解析作用。$NaHCO_3$ 提取态磷是弱吸附态磷,所提取的磷能在一定程度上表现藻类可利用性磷的含量。蠡湖沉积物中 $NaHCO_3-TP$ 质量比为 28.55～178.50 mg/kg,占沉积物中 TP 的 6.77%～14.96%。HCl 主要提取与钙结合态磷,这部分磷很难释放于水体,尤其是偏碱性的富营养化水体,因此主要为非生物可利用性磷。沉积物中 $HCl-TP$ 是蠡湖中主要磷形态之一,其质量比变化在

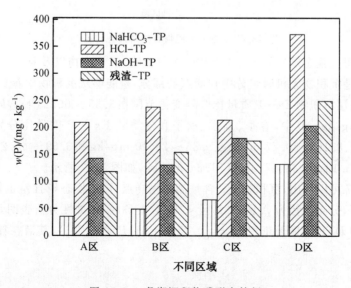

图 15.5　蠡湖沉积物磷形态特征

174.16～476.84 mg/kg 之间,占沉积物中 TP 的 32.05％～46.21％。NaOH 主要提取与 Fe、Al 等氧化物结合态磷,该形态磷可用于评估沉积物生物有效性磷。NaOH－TP 质量比介于 107.51～395.27 mg/kg 之间,占沉积物中 TP 的 20.54％～31.45％。剩余残渣态的磷大部分是有机磷,主要为不能被 $NaHCO_3$、HCl 和 NaOH 提取的有机磷,这部分磷被认为是永久地与矿物结合且是非生物有效性的磷。蠡湖残渣态磷的质量比变化为 77.66～310.35 mg/kg,占沉积物中 TP 的 18.37％～33.03％。

蠡湖沉积物分级提取有机磷各形态磷在不同区域上有所差异,年均有机磷质量比的变化范围为 256.59～742.90 mg/kg,其中活性有机磷质量比介于 6.51～56.83 mg/kg 之间;中活性有机磷质量比在 142.49～381.47 mg/kg 之间变化;稳定态有机磷的提取质量比为 111.07～332.67 mg/kg。蠡湖沉积物中有机磷形态特征如图 15.6 所示。由图 15.6 可知,D 区活性有机磷质量比是其他湖区含量的 2.7 倍,而中活性有机磷占总有机磷的 50％,甚至更多。

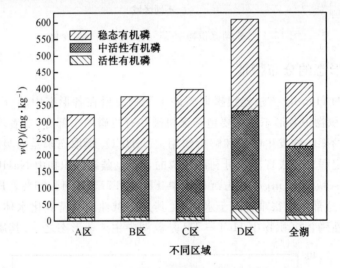

图 15.6 蠡湖沉积物有机磷形态特征

Ex－P(可交换态磷)主要是指沉积物中氧化物、氢氧化物以及黏土矿物颗粒表面等吸附的磷,是沉积物无机磷组分中较活跃的部分,是能够从沉积物中释放到水体的磷酸盐。湖体表层沉积物 Ex－P 质量比全年变化范围在 3.35～60.23 mg/kg 之间,平均值为 18.48 mg/kg。其中,春季、夏季、秋季和冬季的 Ex－P 质量比分别为 5.61～33.58 mg/kg、8.16～50.77 mg/kg、3.36～29.10 mg/kg 和 3.69～60.22 mg/kg,其均值分别为 15.13、20.38、17.08 和 21.34 mg/kg,如图 15.7 所示。

由图 15.7 可以看出,沉积物 TP 含量高的采样点,可交换态磷含量也较大,但季节变化并不显著,分布趋势为 A 区＜B 区＜C 区＜D 区;相关性分析表明,Ex－P 与沉积物间隙水中 DTP 呈显著正相关($r=0.75$,$n=61$,$P<0.001$),其潜在释放磷的风险也较高。

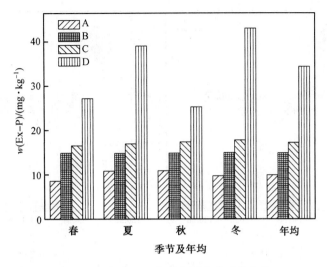

图 15.7　蠡湖沉积物可交换态磷季节变化

15.2.3　有机质季节分布变化特征

沉积物内源营养盐的高低与有机质有关,大量实验证实,沉积物中有机质在矿化的过程中消耗水体中的溶解氧,造成水体缺氧,同时又释放出大量的营养盐使水体持续在较高的营养盐水平,水体富营养化加快。因此,在蠡湖的治理和修复过程中,控制磷营养盐含量应对有机质空间分布进行调查研究。

不同蠡湖沉积物中有机质(TOM)分布也有差异,如图 15.8 所示,年度 TOM 质量比变化范围在 5.54 ~ 54.59 mg/kg 之间,平均为(20.35±0.61)mg/kg。A 区、B 区、C 区和 D 区的 TOM 质量比分别在 5.54 ~ 24.6 mg/kg、8.32 ~ 48.13 mg/kg、10.41 ~ 54.59 mg/kg 和 10.52 ~ 53.78 mg/kg 之间变化,年均值分别为 12.87、18.19、21.95、27.92 mg/kg,与沉积物中 TP 相似,TOM 的质量比整体也由西向东逐渐增大,呈现出 A 区＜B 区＜C 区＜D 区、西蠡湖＜东蠡湖的变化趋势。

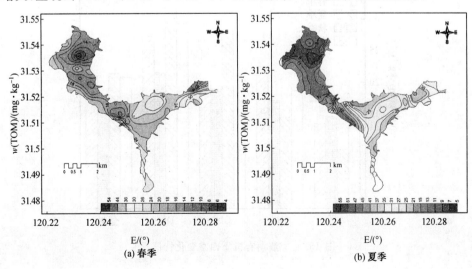

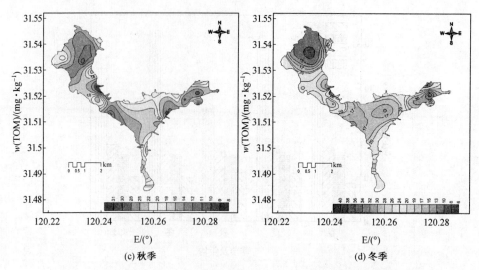

(c) 秋季　　　　　　　　　　　　　　　(d) 冬季

图 15.8　蠡湖沉积物中 TOM 在春季、夏季、秋季和冬季的空间分布特征

春季、夏季、秋季、冬季的 TOM 并没有显著变化,其均值分别为 20.81、21.41、18.07、21.07 mg/kg,春季、夏季和冬季的 TOM 略高于秋季,如图 15.9 所示,而不同区域在不同季节的变化差异比较显著。其中,A 区、B 区夏季 TOM 明显较低;秋季、冬季 TOM 相对较高。原因可能是 A 区、B 区经过综合整治工程,其生态系统趋于恢复状态,水生植物较多,尤其 A 区。地理与湖泊研究所在 2010 年 5 月于 A 区北岸渔父岛建立了生态修复区,其手段主要包括重建沉水植被以及清除浮游生物食性鱼类和底栖鱼类,夏季植物生长茂盛,沉水植物有助于降低沉积物扰动的程度。李文朝、潘慧云等的研究表明,湖泊中的水生植物残体经自然腐烂分解后,部分磷盐会在短期内被释放进入水体,参与水体营养再循环;部分磷将随植物残体沉积进入沉积物,参与地球化学循环。C 区、D 区 TOM 季节分布与 A 区、B 区正相反,全年夏季 TOM 的质量比最高,而冬季质量比最低,对于没有进行生态工程整治的 D 区差异尤为明显。

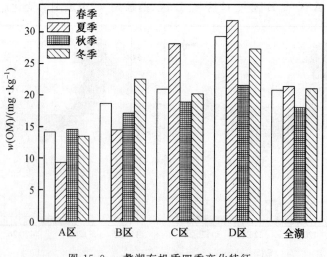

图 15.9　蠡湖有机质四季变化特征

15.3　不同形态磷与有机质的关系

沉积物中磷的含量受沉积物性质、水力条件、生物作用及人类干扰等多种因素的影响，而 TP、活性有机磷、稳定有机磷以及生物可利用性磷是沉积物中磷素的重要指标，为了更深入地了解蠡湖磷形态分布特征，掌握各种磷形态之间的交互作用、磷与有机质之间的相互关系，本章对各形态磷与有机质做了相关性分析。沉积物各磷形态与有机质相关分析见表 15.2。由表 15.2 可以看出，蠡湖表层沉积物中活性有机磷和稳态有机磷均与沉积物有机质呈显著正相关（$P < 0.01$），表明可提取有机磷与总有机质密切相关，而中活性有机磷与有机质并不显著相关，可能是在 HCl 提取的过程中，部分有机磷被酸化水解，无法确定其提取有机磷的真实含量。

表 15.2　沉积物各种磷形态与有机质相关分析

有机质 TOM	沉积物 TP	沉积物 Ex－P	活性 有机磷	中活性 有机磷	稳态 有机磷	间隙水 DTP
20.35	0.494*	0.525*	0.535**	0.481*	0.604**	0.327

注：* —— 差异显著；* * —— 差异极显著。

15.4　本章小结

蠡湖间隙水中 DTP、DIP 质量浓度变化范围分别在 $0.013 \sim 1.379$ mg/L、$0.00 \sim 0.90$ mg/L 之间，年平均质量浓度分别为 0.18 mg/L、0.09 mg/L；表层沉积物样品中 TP 质量比年变化范围介于 $320.52 \sim 1\,929.54$ mg/kg 之间，平均为 (667.68 ± 16.2) mg/kg，其中活性有机磷与非活性有机磷占总有机磷的比例较高。Ex－P 质量比变化范围在 $3.35 \sim 60.23$ mg/kg 之间，平均为 18.48 mg/kg，在地区上呈显著差异，表现为 A 区 ＜ B 区 ＜ C 区 ＜ D 区，总有机质质量比年度变化范围在 $5.54 \sim 54.59$ mg/kg 之间。与水体趋势基本类似，呈现西蠡湖 ＜ 东蠡湖的变化趋势。

间隙水中 TP 与表层沉积物中 TP 在季节变化上有显著差异，间隙水中 TP 的季节变化为夏季 ＞ 秋季 ＞ 冬季 ＞ 春季，与间隙水不同的是沉积物表层 TP 在秋季（720.60 mg/kg）质量比最高，冬季次之。可交换态磷质量比表现为冬季最高；总有机质在季节变化上并不显著，冬、夏季略高于秋季。相关性分析表明，间隙水中 DTP 与沉积物 Ex－P、活性有机磷和稳态有机磷与总有机质均呈显著正相关，沉积物可交换态磷越高，释放到间隙水中的 DTP 越多。

第16章　蠡湖水体磷环境容量及其控制对策

16.1　蠡湖水体磷环境容量

水环境容量是基于对流域水文特征、排污方式、污染物迁移转化规律进行充分科学研究的基础上,结合环境管理需求确定的管理控制目标。水环境容量既反映了流域的自然属性(水文特性),也反映了人类对环境的需求(水质目标),水环境容量将随着水资源情况的不断变化和人们对环境需求的不断提高而不断发生变化。

16.1.1　水环境容量的基本特征

水环境容量具有以下 3 个基本特征:

(1) 资源性。

水环境容量首先是一种自然资源,其价值表现为对排入湖泊的污染物具有缓冲作用,既容纳一定量的污染物也能满足人类生产、生活和生态系统的需要;但水环境容量是有限的可再生自然资源,一旦污染负荷超过水环境容量,其恢复将十分缓慢与艰难。

(2) 区域性。

由于受到各类区域的水文、地理、气象条件等因素的影响,不同水域对污染物的物理、化学和生物净化能力存在明显的差异,从而导致水环境容量具有明显的地域性特征。

(3) 系统性。

河流、湖泊等水域一般处在大的流域系统中,水域与陆域、上游与下游、左岸与右岸构成不同尺度的空间生态系统,因此在确定局部水域水环境容量时,必须从流域的角度出发,合理协调流域内各水域的水环境容量。

16.1.2　水体磷环境容量分析

1.计算模型

磷作为湖泊水体富营养化的最主要限制性营养因子,控制湖泊的纳污总量是防止湖泊富营养化的重要前提。目前,对湖泊水体磷允许纳污量的预测研究中,许多都来源于箱式模型。由于湖库具有广阔的水域、缓慢的流速和风浪大等显著特点,如同一个巨大的箱式反应器,因此,完全混合模型在目前湖库水质预测中应用非常广泛。在其基础上,建立了沃伦威德(Voflenweider)水环境容量计算模型,分别计算水环境容量的 3 个部分,即稀释容量、自净容量和输移容量,但其所计算的是理想情况下的极值,没有考虑到实际湖库环境效应对自净能力的影响。另外,在箱式完全混合模型的基础上,还建立了其他一些水环境容量计算模型,如狄龙(Dillion)模型、OECD 模型和合田健模型,这些都是确定型模型,均存在难以准确确定经验参数的缺陷。所以,合理地选择参数对科学的计算水环境容量非常重要。本研究参考国内已有的研究成果,采用沃伦威德模型计算蠡湖的水环境,同时与《太湖流域水污染及富营养化综合控制方案》中二维非稳态水量水质数学模型对蠡湖水环境容量的计算结果相比对,综合确定蠡湖的水环境容量。

沃伦威德模型:

$$W = S \times A \times \overline{Z} \times \left(\sigma + \frac{Q}{V} \right) \tag{16.1}$$

式中,W 为湖泊纳污量的最大值,t/a;A 为湖泊水面积,km^2;S 为目标地表水质标准,mg/L;V 为湖水的体积,m^3;Q 为流出湖泊水量,m^3/a;σ 为湖水 TP 的沉降系数,1/a;$\overline{Z}$ 为湖泊平均深度,m。

本次计算中,蠡湖的面积(A)为 8.6 km^2;目标水质标准为 Ⅲ 类,总磷质量浓度必须低于 0.05 mg/L;容积(V)为 1 800 m^3;流出蠡湖的水量忽略不计,取值为 0 m^3/a;沉积物系数参考滇池外海的值,为 0.006 2(1/d);蠡湖的平均水深取枯水期的 2.2 m。

将参数代入式(16.1),计算出蠡湖的 TP 水环境容量为 2.14 t/a。《太湖流域水污染及富营养化综合控制方案》中采用二维非稳态水量水质数学模型(模型应用守恒的二维非恒定流浅水方程),在相同目标水质的情况下计算出蠡湖中 TP 水环境容量为 4 t/a。

2.不确定性分析

水环境容量本身是均匀分布于水体之中的,但由于不受时间和空间约束,实际中不可能完全利用水环境容量资源,它局限于利用途径、技术、资源分布状况以及其他因素,资源分布越广越不均匀。考虑到湖泊水体中并非全部水体参与污染物的稀释自净,若采用传统零维计算方法,则参与容量计算的是全部水体,因此采取保守取值,即蠡湖 TP 水环境容量为 2.14 t/a。

16.2　蠡湖水体磷污染削减能力的分析与控制对策

16.2.1　沉积物扩散通量

湖泊沉积物作为污染源的储存库,水体不同环境因子(pH、Eh、风速等) 往往容易造成表层沉积物颗粒物的大量再悬浮,从而导致磷元素的大量释放,进而影响水体中磷的循环过程及供给,造成水体的二次污染。目前,蠡湖环湖的河道大多已经通过闸控等手段与湖水交换隔断,并始终保持五里湖的高水位运行。因此,蠡湖的磷污染主要来源是内源的释放。本研究中的扩散通量是根据 Fick 第一扩散定律进行计算的:

$$F = -\varphi \times D_s(\delta_c / \delta_s) \tag{16.2}$$

式中,F 为沉积物－水界面营养盐扩散通量,mg/(m^2·d);φ 为表层沉积物的间隙度,%;D_s 为沉积物块体扩散系数,m^2/S;δ_c / δ_s 为界面含量梯度,用表层沉积物间隙水含量与上覆水含量的差值估算求得,mg/(L·cm)。当 $\varphi < 0.7$ 时,$D_s = \varphi D_0$;当 $\varphi \geqslant 0.7$ 时,$D_s = \varphi^2 D_0$;D_0 为理想溶液的扩散系数,目前报道的 D 值为 $10^{-4} \sim -10^{-5}$ cm²/s,本书取值为 5×10^{-6} cm²/s。其中,正值代表营养盐通量是从沉积物向上覆水扩散;负值代表营养盐通量是从上覆水向沉积物扩散。

本研究对蠡湖沉积物－水界面磷元素进行扩散通量的初步估算,结果显示,蠡湖 DTP 和 DIP 在春、夏、秋、冬 4 个季节的扩散通量平均值分别为 0.29 mg/(m²·d) 和 0.09 mg/(m²·d)、0.53 mg/(m²·d) 和 0.30 mg/(m²·d)、0.41 mg/(m²·d) 和 0.34 mg/(m²·d)、0.33 mg/(m²·d) 和 0.09 mg/(m²·d),其中 D 区溶解性总磷的扩散通量平均为 0.35 mg/(m²·d),显著高于 A 区(0.044 mg/(m²·d))。

对照底泥溶解性总磷扩散通量和底泥污染状况的相互关系,可以发现磷扩散通量较大的采样点沉积物总磷和可交换态磷的含量也较大,磷的扩散通量与沉积物总磷和可交换态磷成正显著相关,说明底泥污染严重的区域,相对其他地区释放更加明显,如图 16.1 所示。

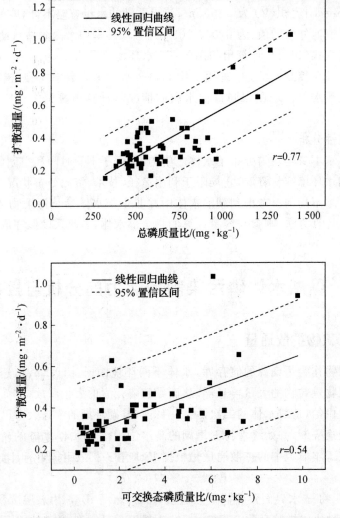

图 16.1　蠡湖底泥溶解性总磷扩散通量与沉积物总磷、可交换态磷的相关性

结合蠡湖水体中总磷质量比的变化趋势可以看出,生态恢复工程实施以来,水体水质得到了一定的改善,理化指标有所下降,水体富营养状态得到改善,已由重度向轻度富营养状态改变,可是并不能从本质上解决水体的富营养化问题。尤其是沉积物中磷含量依然居高不下,在风浪扰动及外界环境条件改变的情况下,沉积物有可能不断悬浮,不仅增加了上覆水中氮、磷和其他颗粒物的含量,同时也极大地降低了蠡湖水体的透明度。

16.2.2　下一步控制对策

本次调查发现,蠡湖退渔还湖区(A 区)经过综合治理后,已经出现了相当面积的沉水植物,有沉水植物分布的区域磷含量显著低于其他区域。主要因为沉水植物的出现既可以通过降沉和吸附作用提高水体的透明度,又会与浮游植物竞争营养盐和光能,因而进一步抑制藻类的生长,起到改善水质的效果。因此,沉水植物的恢复与重建是蠡湖从藻型浊水态向草型清水态转换的关键。综合蠡湖水体磷及其形态的空间分布、季节变化及与悬浮物相关分析可以看出,要改善水质、降低水体中磷含量,在继续通过采取各种外源控制措施的同时,可以从减少通过干湿沉积物进入湖泊水体或者降低沉积物再悬浮、抑制底泥磷释放两个方面入手,主要包括:① 利用湖滨带中的各种生物吸附、拦截、净化通过地表径流携带的干湿沉降的污染物。② 对污染严重底泥性状进行改性(如疏浚、覆盖),达到控制内源释放的目的。③ 恢复以沉水植被为主的生态系统,以抑制、减少底泥再悬浮和氮、磷营养盐的释放。

1. 污染底泥分区及沉水植物恢复区划分

(1) 污染底泥划分。

根据第 4 章沉积物总磷调查结果,本次研究将沉积物总磷质量比大于 535 mg/kg 的区域,即处于中度(重度)污染的区域定义为重点控制区,需要采取工程措施进行底泥修复;沉积物总磷质量比处于 420～535 mg/kg 之间的区域一般处于中等污染的边缘,处于轻度污染到中度污染的过渡阶段,本次研究定义为一般控制区,此区域在条件成熟时可适当进行修复;而总磷质量比小于 420 mg/kg 的区域,底泥污染较轻,本次定义为"规划保护区",现阶段可以不采取工程措施,主要以自然修复为主。结合底泥厚度的空间分布,并扣除底泥厚度小于 10 cm 区域,得到蠡湖沉积物分类控制的空间分布图,如图 16.2 所示。

蠡湖沉积物重点控制区主要分布在 D 区的大部分区域、C 区的长广溪区域以及宝界桥和蠡湖大桥周围。利用地理信息系统空间统计表明,蠡湖重点控制区面积达到 1.76 km²,占整个蠡湖水面面积的 22.55%。

(2) 沉水植物恢复区域划分与选择。

采用水体表面光合有效辐射强度为 1% 的水体深度作为恢复稀疏沉水植物种群的光补偿深度,并将沉水植物光补偿深度与水深的比值(Q_s)作为划分依据,对蠡湖水域开展沉水植物修复工程进行适宜度划分,如图 16.3 所示。

$Q_s > 1$ 的区域占蠡湖水域面积的 29%,主要分布在沿岸、小岛及湖湾等水域,而且水深一般都在 2 m 以内,如图 16.3 所示,此区域水深较浅、透明度较高,并且有小岛、蠡

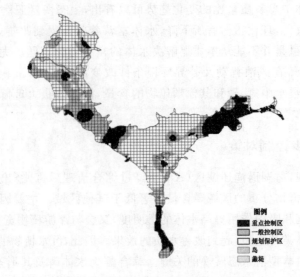

图 16.2　蠡湖污染底泥修复区域划分

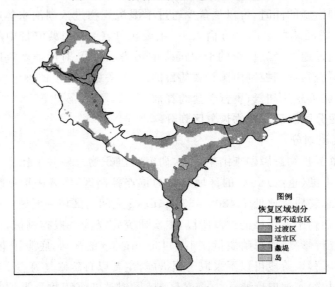

图 16.3　蠡湖沉水植物恢复区域划分

堤等存在降低了风浪等水动力作用,可作为蠡湖沉水植物恢复的"适宜区"。$0.75 <$ $Q_s < 1$ 的区域占蠡湖水域面积的 32%,此区域的水下光强暂时达不到恢复沉水植物的要求,只有通过适当的工程措施,改善其水下光合有效辐射,此次研究定义为"过渡区"。$Q_s < 0.75$ 的区域占蠡湖水域面积的 39% 左右,此区域水深一般超过 2.5 m,在风浪的作用下,水体悬浮物较高,而透明度偏低,本次研究定义为"暂不适宜区"。同时需要说明的是,"适宜区"与"过渡区"并不是固定的,它们之间可以相互转化。曹昀的研究表明水植物群落的光补偿深度与透明度成显著的正相关,水体的透明度越高,沉水植物群落的平均光补偿深度就越大。在实际恢复沉水植物过程中,当测定某区域水体实际透明度后,可根据平均光补偿深度和透明度回归方程,得出沉水植物的平均光补偿深

度,与实际水深比较,便可初步判断出实际水深条件下是否可以恢复沉水植物。

蠡湖适宜恢复沉水植物的地区主要分布在 D 区的金城湾公园、水居苑区域,C 区的威尼斯花园区域、蠡堤周围以及渤公岛附近。

2. 下一步可开展工程

通过研究蠡湖从水体－沉积物中磷的时空变化特征,划分了底泥磷污染等级和适合沉水植物恢复区,建议下一步应开展的工程如下。

(1) 底泥环保疏浚工程。

采用全封闭原状矩形薄层切面可调高含量管道输泥环保疏浚技术装置和疏浚干化一体化技术。主要在种植漂浮植物或者浮叶植物的水域、底泥处于严重污染的水域,主要集中在东蠡湖的金城湾及其长广溪区域,面积约为 $1.3\ km^2$,平均疏浚 $0.2\ m$,疏浚约 $26 \times 10^4\ m^3$。主要通过清除污染底泥,减少底泥释放,为沉水植物和底栖生物恢复营造环境。

(2) 底泥覆盖工程。

采用新型底泥覆盖技术和产品(如采用澳大利亚的 Phoslock 技术),固定湖底污泥中的磷,减少蠡湖的内源二次污染,抑制藻类的生长,提高水体透明度,确保实施区域水体在水生植物种植和生长期间透明度达到 $1.0 \sim 1.5\ m$,为水生植物特别是沉水植物生长提供有利条件。

(3) 沉水植物恢复与调控工程。

主要选择能够良好适应蠡湖环境、改善水质能力较好以及具有较强耐污能力的沉水植物,通过人为设计植物群落配置,把欲恢复重建的水生植物群落,根据环境条件和群落特性按一定的比例在空间分布、时间分布方面进行安排,高效运行,达到恢复目标,即净化水质,形成稳定可持续利用的生态系统。对于蠡湖沉水植物配置,依托水下地形、透明度条件,分散种植耐污能力较强的沉水植物,如金鱼藻、轮叶黑藻、狐尾藻、苦草、马来眼子菜或大茨藻中 $1 \sim 4$ 种的任意组合,恢复与重建沉水植被。

为避免因植物腐烂导致的二次污染,并保证植物产生一定数量的繁殖体以利于来年的恢复,针对蠡湖水域面积较小,且河汊较多,可选择中小尺度水域作业的小型水草收割船,同时对断头浜及其较窄的入湖河流,可选择简单的器械收割。菹草一般在春末夏初开始收割调控,其余种群沉水植物可以选择在 10 月进行收割。

16.3　本章小结

蠡湖磷的水环境容量为 $2.14\ t/a$,溶解性磷总磷和无机磷的平均扩散通量分别为 $0.4\ mg/(m^2 \cdot d)$ 和 $0.2\ mg/(m^2 \cdot d)$。

底泥重点控制区主要分布在 D 区的大部分区域、C 区的长广溪区域以及宝界桥和蠡湖大桥周围,重点控制区面积达到 $1.76\ km^2$。适宜恢复沉水植物的地区主要分布在 D 区的金城湾公园、水居苑区域,C 区的威尼斯花园区域、蠡堤周围以及渤公岛附近。

建议下一步控制主要开展底泥环保疏浚工程、底泥覆盖工程和沉水植物恢复与调控工程。

本 篇 结 论

本篇围绕环境治理工程对湖体中磷的迁移转化的影响,对蠡湖磷素进行全面调查与评价。通过分析上覆水中各形态磷含量及时空变化,确定不同季节不同工程措施下蠡湖水体磷的污染状态,对上覆水体历年磷的变化特征进行对比并分析水体磷与哪些因素有关,从而了解环境工程对磷的影响变化;通过对沉积物中间隙水及底泥各形态磷的季节性分析测试,试图找出高磷污染区域的范围及了解时间变化过程中磷的分布特征,分析间隙水-表层沉积物中各磷形态的相关性及其与有机质的相互关系,熟悉了磷在间隙水-沉积物之间的形态转化,针对时间变化的高磷区域提出相应治理对策。旨在为蠡湖环境治理过程中水体-沉积物磷污染提供全面的数据支撑,为蠡湖富营养化的治理提供理论依据,并为下一步实施治理工程提供科学指导。通过本篇的研究得到以下结论:

(1)蠡湖水体总磷从空间分布上看呈现由东向西总磷污染逐渐增大,东蠡湖 < 西蠡湖,湖心小于沿岸区的分布趋势。20 年间一直维持在较高的含量水平上,总体趋势为先升高后稳定最后下降。2012 年以后,基本维持在 Ⅳ 类水质标准。

(2)水体中磷主要是以颗粒态的形态占优势,颗粒态磷占总磷的比例在 11% ~ 90% 之间,平均为 59%。颗粒态磷随季节的变化呈现先升高后下降的趋势,其中秋季的含量显著高于其他季节。

(3)多元回归表明,水体悬浮物与溶解性磷均对水体总磷有一定影响。生态恢复工程实施以来,蠡湖水体水质得到了一定的改善,理化指标有所下降,水体营养状况总体呈现出由重度富营养化向轻度富营养化转变。蠡湖沉积物磷的质量浓度在不同工程措施下的变化为 A 区 < B 区 < C 区 < D 区,总体表现为生态恢复区好于疏浚工程区,但疏浚工程区总磷含量有上升趋势。

(4)活性有机磷与非活性有机磷占总有机磷的比例较高,生物可利用性磷质量比变化范围在 3.35 ~ 60.23 mg/kg 之间,平均为 18.48 mg/kg。相关性分析表明,生物可利用性磷与水体溶解性总磷呈显著正相关;沉积物生物可利用性磷越高,释放到间隙水中的 DTP 质量比越大;可提取有机磷与总有机质的关系密切,而中活性有机磷与有机质之间相关性并不显著。

(5)蠡湖总磷水环境容量为 2.14 t/a,沉积物扩散通量随春季、夏季、秋季和冬季变化分别为 0.29、0.53、0.41、0.33 mg/(m² · d),可交换态磷对沉积物中磷向上覆水释放起着重要作用。

蠡湖磷素的水环境容量为 2.14 t/a,溶解性磷、总磷和无机磷的平均扩散通量分别为 0.4 mg/(m² · d)和 0.2 mg/(m² · d)。底泥重点控制及适宜恢复沉水植物区域主要分布在 D 区。建议下一步控制主要开展底泥环保疏浚工程、底泥覆盖工程和沉水植物恢复与调控工程。

参 考 文 献

[1] 朱喜,张扬文.五里湖水污染治理现状及继续治理对策[J].水资源保护,2009,25(1):86-89.

[2] 马荣华,杨桂山,段洪涛,等.中国湖泊的数量、面积与空间分布[J].中国科学:地球科学,2011,41(3):394-401.

[3] 金相灿,刘鸿亮,屠清瑛,等.中国湖泊富营养化[M].北京:中国环境科学出版社,1990:1-2,109.

[4] 刘吉峰,吴怀河,宋伟.中国湖泊水资源现状与演变分析[J].黄河水利职业技术学院学报,2008,20(1):1-4.

[5] 秦伯强,杨柳燕,陈非洲,等.湖泊富营养化发生机制与控制技术及其应用[J].科学通报,2008,51(16):1857-1866.

[6] 屠清瑛.我国湖泊的环境问题及治理对策[J].中国环境管理干部学院学报,2003,13(3):1-3.

[7] 金相灿.中国湖泊环境(第二册)[M].北京:海洋出版社,1995.

[8] 周景博.国外水体富营养化治理的经验及对我国的政策建议[J].环境保护,2003,(9):57-60.

[9] 黄代中,万群,李利强,等.洞庭湖近20年水质与富营养化状态变化[J].环境科学研究,2013,26(1):27-33.

[10] 王伟,卢少勇,金相灿,等.洞庭湖沉积物及上覆水体氮的空间分布[J].环境科学与技术,2010,33(12):6-10.

[11] 王雯雯,王书航,姜霞,等.洞庭湖沉积物不同形态氮赋存特征及其释放风险[J].环境科学研究,2013,26(6):598-605.

[12] 孙树青,胡国华,王勇泽,等.湘江干流水环境健康风险评价[J].安全与环境学报,2006,6(2):12-15.

[13] 刘永建,刘业祥,李红岩.湖南境内沅水流域水环境分析与思考[J].红河学院学报,2006,4(2):61-63.

[14] 肖立军,颜德明.湘资沅澧四水资源综合管理和开发利用的思考与建议[J].水利规划与设计,2008,(1):3-6.

[15] 尹辉,李景保,廖婷,等.湖南省澧水流域水土保持区划研究[J].水土保持通报,2009,29(3):45-49＋60.

[16] 李景保,秦建新,曾南雁.湖南省水土保持与生态环境建设[J].水土保持通报,2001,21(3):70-74.

[17] 张建明,余建青,刘妍.洞庭湖富营养评价指标分析及富营养化评价[J].内陆水产,2006,(2):43-44.

[18] 饶建平,易敏,符哲,等. 洞庭湖水质变化趋势的研究[J]. 岳阳职业技术学院学报,2011,26(3):53-57.

[19] 王崇瑞,李鸿,袁希平. 洞庭湖渔业水域氮磷时空分布分析[J]. 长江流域资源与环境,2013,22(7):928-936.

[20] 郭建平,吴甫成,熊建安. 洞庭湖水体污染及防治对策研究[J]. 湖南文理学院学报(社会科学版),2007,32(1):91-94.

[21] 国家环境保护总局. 水和废水监测分析方法[M].4版. 北京:中国环境科学出版社,2002.

[22] 姜霞,王书航. 沉积物质量调查评估手册[M]. 北京:科学出版社,2012.

[23] 秦迪岚,黄哲,罗岳平,等. 洞庭湖区污染控制区划与控制对策[J]. 环境科学研究,2011,24(7):748-755.

[24] 杨国兵,段一平. 洞庭湖水污染现状及防治对策[J]. 湖南水利水电,2007,(2):51-55.

[25] 黎昔春,张水云. 洞庭湖的泥沙输移特性[J]. 泥沙研究,2003,(2):73-76.

[26] 杨汉,黄艳芳,李利强,等. 洞庭湖的富营养化研究[J]. 甘肃环境研究与监测,1999,12(3):120-122.

[27] 赵运林,肖正军,戴梅斌,等. 洞庭湖区湿地资源及生态系统现状的研究[J]. 湖南城市学院学报(自然科学版),2007,16(4):1-5.

[28] 赖锡军,姜加虎,黄群. 洞庭湖洪水空间分布和运动特征分析[J]. 长江科学院院报,2006,23(6):22-26.

[29] 李利强,张建波. 洞庭湖浮游植物群落结构及与水质营养状况的关系[J]. 贵州环保科技,1999,5(2):8-11.

[30] 廖平安,胡秀琳. 流速对藻类生长的影响到实验研究[J]. 北京水利,2005,(2):12-15.

[31] 黄斌,孙蕾,万小卓,等. 沅江干流水质变化时空规律及五强溪水库库区总磷预测[J]. 安全与环境学报.2005,5(6):96-99.

[32] 岳维忠,黄小平,孙翠慈. 珠江口表层沉积物中氮、磷的形态分布特征及污染评价[J]. 海洋与沼泽,2007,38(2):111-117.

[33] 金相灿,孟凡德,姜霞,等. 太湖东北部沉积物理化特征及磷赋存形态研究[J]. 长江流域资源与环境,2006,15(3):388-394.

[34] 刘幼萍,童娟,李小妮. 应用马尔文MS2000激光粒度分析仪分析河流泥沙颗粒[J]. 水利科技与经济,2005,11(6):329-331.

[35] 毛小苓,倪晋仁. 生态风险评价研究述评[J]. 北京大学学报(自然科学版),2005,41(4):646-654.

[36] 陈辉,刘劲松,曹宇,等. 生态风险评价研究进展[J]. 生态学报,2006,(5):1558-1566.

[37] 殷浩文. 水环境生态风险评价程序[J]. 上海环境科学,1995,14(11):11-14.

[38] 刘凌,崔广柏,王建中. 太湖底泥氮污染分布规律及生态风险[J]. 水利学报,2005,

36(8):900-905.

[39] 吴丰昌,孟伟,宋永会,等.中国湖泊水环境基准的研究进展[J].环境科学学报,2008,28(12):2385-2393.

[40] 王秋娟,李永峰,姜霞,等.太湖北部三个湖区各形态氮的空间分布特征[J].中国环境科学,2010,30(11):1537-1542

[41] 王秋娟.太湖北部三个湖区氮污染状况及其底泥疏浚量的确定[D].哈尔滨:东北林业大学,2012.

[42] 钟立香.巢湖水－沉积物系统中氮的赋存变化及其与水华发生的关系研究[D].北京:中国环境科学研究院,2009.

[43] 张晨.包埋固定化菌株 qy37 处理高盐含氮废水的实验研究[D].青岛:青岛大学,2011.

[44] 李程亮.底泥对氮磷的吸附及投加微生物对底泥磷释放的影响[D].武汉:华中农业大学,2011.

[45] 王兴民.沉水植物生态恢复机理的探索研究[D].保定:河北农业大学,2006.

[46] 吴丰昌,万国江,黄荣贵.湖泊沉积物－水界面营养元素的生物地球化学作用和环境效应[J].矿物学报,1996,16(4):403-409.

[47] 范成新,相崎守弘.好氧和厌氧条件对霞浦湖沉积物－水界面氮磷交换的影响[J].湖泊科学,1997,9(4):337-342.

[48] 吴群河,曾学云,黄匙.溶解氧对河流底泥中三氮释放的影响[J].环境污染与防治,2005.27(1):21-24.

[49] 李文红,陈英旭,孙建平.不同溶解氧水平对控制底泥向上覆水体释放污染物的影响研究[J].农业环境科学学报,2003,22(2):170-173.

[50] 叶琳琳,潘成荣,张之源,等.瓦埠湖沉积物氮的赋存特征以及环境因子对 NH_4^+-N 释放的影响[J].农业环境科学学报,2006 25(5):1333-1336.

[51] 范成新,张路,杨龙元,等.湖泊沉积物氮磷内源负荷模拟[J].海洋与湖沼,2002,33(4):370-378.

[52] 孙胜龙,丁蕴铮.长春南湖底泥磷、氮和重金属元素环境地球化学行为研究[J].环境科学研究,1999 12(4):37-44.

[53] 张丽萍,袁文权,张锡辉.底泥污染物释放动力学研究[J].环境污染治理技术与设备,2003,4(2):22-26.

[54] 陈振楼,刘杰,许世远,等.大型底栖动物对长江口潮滩沉积物－水界面无机氮交换的影响[J].环境污染治理技术与设备,2003,4(2):22-26.

[55] 范成新,杨龙元.太湖底泥及其间隙水中氮磷垂直分布及相互关系分析[J].湖泊科学.2000,12(4):359-366.

[56] 冯峰,方涛,刘剑彤.武汉东湖沉积物氮磷形态垂向分布研究[J].环境科学.2006,27(6):1078-1082.

[57] 袁旭音,陈骏.太湖北部底泥中氮、磷的空间变化和环境意义[J].地球化学.2002,31(4):321-328.

[58] 孙刚.长春南湖的能量生态学研究[D].长春:东北师范大学,1997.

[59] 童昌华,杨肖娥,蹼培民.水生植物控制湖泊底泥营养盐释放的效果与机理[J].农业环境科学学报,2003,22(6):673-676.

[60] 吴振斌,邱东茹,贺峰,等.沉水植物重建对富营养化水体氮磷营养盐水平的影响[J].应用生态学报,2003,14(8):1351-1353.

[61] 雷泽湘,徐德兰,黄沛生,等.太湖沉水和浮叶植物及其水环境效应研究[J].生态环境,2006,15(2):239-243.

[62] 刘从玉,刘平平,刘正文,等.沉水植物在生态修复和水质改善中的作用[J].安徽农业科学,2008,36(7):2908-2910.

[63] 徐新洲.无锡蠡湖湖滨湿地植被修复与景观重建研究[D].南京:南京林业大学,2013.

[64] 杨红军.五里湖湖滨带生态恢复和重建的基础研究[D].上海:上海交通大学,2008.

[65] 顾岗,陆根法.太湖五里湖水环境综合整治的设想[J].湖泊科学,2004,16(1):57-60.

[66] 李文朝.五里湖富营养化过程中水生生物及生态环境的演变[J].湖泊科学,1996,6(增刊):37-45.

[67] 王栋,孔繁翔,刘爱菊.生态疏浚对太湖五里湖湖区生态环境的影响[J].湖泊科学,2005,17(3):263-268.

[68] 朱喜,张扬文.五里湖水污染治理现状及继续治理对策[J].水资源保护,2009,25(1):86-89.

[69] 孟顺龙,陈家长,胡庚东,等.滤食性动物放流对西五里湖的生态修复作用初探[J].中国农学通报,2009,25(16):225-230.

[70] 阎荣,孔繁翔,韩小波.太湖底泥表层越冬藻类群落动态的荧光分析法初步研究[J].湖泊科学,2004,16:163-168.

[71] 吴丰昌,万国江,蔡玉蓉.沉积物—水界面的生物地球化学作用[J].地球科学进展,1996,11(2):191-197.

[72] 许光辉,郑洪元.土壤微生物分析方法手册[M].北京:中国农业出版社,1986.

[73] 谢伟芳,夏品华,林陶,等.喀斯特山区溪流上覆水—孔隙水—沉积物中不同形态氮的赋存特征及其迁移:以麦西河为例[J].中国岩溶,2011,30(1):9-15.

[74] 金相灿,叶春,颜昌宙,等.太湖重点污染控制区综合治理方案研究[J].环境科学研究,1999,12(5):1-5.

[75] 郑焕春.五里湖湖滨带生态修复效果与水体富营养化评价[D].无锡:江南大学,2008.

[76] 谢平.太湖蓝藻的历史发展与水华灾害[M].北京:科学出版社,2008.

[77] 吴丰昌.云贵高原湖泊沉积物和水体氮、磷和硫的生物地球化学作用和生态环境效应[J].地质地球化学.1996,(6):88-89.

[78] 吕晓霞,宋金明,袁华茂.南黄海表层沉积物中氮的潜在生态学功能[J].生态学

报，2004，24(8)：1635-1642

[79] 沈义龙，何品晶，邵立明.太湖五里湖底泥污染特性研究[J].长江流域资源与环境，2004，13(6)：584-588.

[80] 俞海桥.西五里湖不同生态修复措施对沉积物营养盐的影响[D].武汉：武汉理工大学，2007.

[81] 高悦文，王圣瑞，张伟华，等.洱海沉积物中溶解性有机氮季节性变化[J].环境科学研究.2012，25(6)：659-665.

[82] 王书航，姜霞，钟立香，等.巢湖沉积物不同形态氮季节性赋存特征[J].环境科学，2010，31(4)：946-953.

[83] 王圣瑞，焦立新，金相灿，等.长江中下游浅水湖泊沉积物总氮、可交换态氮与固定态铵的赋存特征[J].环境科学学报，2008.28 (1)：37-43.

[84] 钟立香，王书航，姜霞，等.连续分级提取法研究春季巢湖沉积物中不同结合态氮的赋存特征[J].农业环境科学学报 2009，28(10)：2132-2137.

[85] 王圣瑞，金相灿，崔哲，等.沉水植物对水－沉积物界面各形态氮含量的影响[J].环境化学，2006，25(5)：533-538.

[86] 李鑫，赵林，马凯，等.青年湖沉积物中氮赋存形态的季节性变化[J].环境科学研究，2012，25(2)：140-145.

[87] 张晓姣，李正魁，杨竹攸，等.固定化土著氮循环细菌在城市湖泊水体净化中的应用[J].湖泊科学，2009，21(3)：351-356.

[88] 陈开宁，包先明，史龙新，等.太湖五里湖生态重建示范工程：大型围隔实验[J].湖泊科学，2006，18(2)：139-149.

[89] 杨浩文，黄芳，林少君，等.肇庆星湖水质现状与变化趋势[J].生态科学，2004，23(3)：204-207.

[90] 王明翠，刘雪芹，张建辉.湖泊富营养化评价方法及分级标准[J].中国环境监测，2002，18(5)：47-49.

[91] 伍献文.五里湖 1951 年湖泊学调查[J].水生生物学集刊，1962，(1)：63-113.

[92] 孙顺才，黄漪平.太湖[M].北京：海洋出版社，1993.

[93] 胡佳晨，姜霞，李永峰，等.环境治理工程对蠡湖水体中氮空间分布的影响[J].环境科学研究，2013，26(4)：380-388.

[94] 年跃刚，聂志丹，陈军.太湖五里湖生态恢复的理论与实践[J].中国水利，2006，17(8)：36-39.

[95] 成小英，李世杰.长江中下游典型湖泊富营养化演变过程及其特征分析[J].科学通报，2006，51(7)：848-855.

[96] 刘正文.湖泊生态系统恢复与水质改善[J].中国水利，2006，17：30-33.

[97] 杨桂山，马荣华，张路，等.中国湖泊现状及面临的重大问题与保护策略[J].湖泊科学，2010，22(6)：799-810.

[98] 赵章元，吴颖颖，郑洁明.我国湖泊富营养化发展趋势探讨[J].环境科学研究，1991，4(3)：18-24.

[99] 陈静.日本琵琶湖环境保护与治理经验[J].环境科学导刊,2008,27(1):37-39.

[100] 姜伟立,吴海锁,边博.五里湖水环境治理经验对"十二五"治理的启示[J].环境科技,2011,02:62-64,69.

[101] 杨健强.滇池污染的治理和生态保护[J].水利学报,2001,05:17-21.

[102] 王化可,唐红兵.巢湖生态引水对改善江湖交换关系的作用研究[J].中国水利,2010,23:27-29.

[103] 王小雨.底泥疏浚和引水工程对小型浅水城市富营养化湖泊的生态效应[D].长春:东北师范大学.2008

[104] 王莹,王道玮,李辉,等.内陆湖泊富营养化内源污染治理工程对比研究[J].地球与环境,2013,01:20-28.

[105] 钟继承,范成新.底泥疏浚效果及环境效应研究进展[J].湖泊科学,2007,01:1-10.

[106] 瞿霜菊,黄辉,曹正浩.云南省滇中引水工程规划研究[J].人民长江,2013,10:80-83.

[107] 郜会彩.湖网调水改善水环境研究[D].武汉:武汉大学,2005.

[108] 郜会彩,李义天,何用,等.改善汉阳湖群水环境的调水方案研究[J].水资源保护,2006,05:41-44.

[109] 姜宇,蔡晓钰.引江济太对太湖水源地水质改善效果分析[J].江苏水利,2011,02:36-37.

[110] 张华锋.浙北引水工程对嘉兴平原河网水环境影响的评价研究[D].杭州:浙江大学,2008.

[111] 朱华兵.水生植物对富营养化水体的修复及对底泥营养释放的影响[D].扬州:扬州大学,2011.

[112] 何娜,张玉龙,孙占祥,等.水生植物修复氮、磷污染水体研究进展[J].环境污染与防治,2012,03:73-78.

[113] 宋福,陈艳卿,乔建荣,等.常见沉水植物对草海水体(含底泥)总氮去除速率的研究[J].环境科学研究,1997,04:50-53.

[114] 张晋.人工浮岛技术对微污染水源水净化作用的实验研究[D].重庆:重庆大学,2010.

[115] 王浩,严登华,肖伟华.我国淡水湖泊保护治理模式探讨[J].河南水利与南水北调,2008,03:1-3.

[116] 梁文,王泽,焦增祥,等.内源磷的释放作用及影响因素研究进展[J].四川环境,2012,05:105-109.

[117] 陈田耕.磷在湖泊富营养化中的作用[J].海洋湖沼通报,1986,01:79-86.

[118] 黄利东.湖泊沉积物对磷吸附的影响因素研究[D].杭州:浙江大学,2011.

[119] 高丽,周健民.磷在富营养化湖泊沉积物-水界面的循环[J].土壤通报,2004,04:512-515.

[120] 朱广伟,秦伯强,高光.风浪扰动引起大型浅水湖泊内源磷暴发性释放的直接证

据[J].科学通报.2005,50(1):66-71.

[121] 袁和忠,沈吉,刘恩峰,等.模拟水体 pH 控制条件下太湖梅梁湾沉积物中磷的释放特征[J].湖泊科学,2009,05:663-668.

[122] 金相灿,王圣瑞,庞燕.太湖沉积物磷形态及 pH 值对磷释放的影响[J].中国环境科学,2004,06:68-72.

[123] 王书航,姜霞,金相灿.巢湖水环境因子的时空变化及对水华发生的影响[J].湖泊科学,2011,06:873-880.

[124] 卢显芝,李文波,郝建朝,等.模拟池塘底泥无机磷形态与上覆水体可溶性活性磷含量的关系及其控制[J].农业环境科学学报,2009,28(5):993-998.

[125] 滕衍行.三峡库区消落区土壤磷释放规律研究[D].上海:同济大学,2006.

[126] 郭志勇.城市湖泊沉积物中磷形态的分布特征及转化规律研究[D].南京:河海大学,2007.

[127] 李君.杭州市运河水系氮磷污染及底泥磷释放水动力学研究[D].杭州:浙江大学,2006.

[128] 孙境蔚.沉积物磷的分级提取方法及提取相的共性分析[J].环境科学与技术,2007,02:111-114.

[129] 金相灿,卢少勇,王开明,等.巢湖城区洗耳池沉积物磷及其生物有效磷的分布研究[J].农业环境科学学报,2007,03:847-851.

[130] 霍守亮,李青芹,昝逢宇,等.我国不同营养状态湖泊沉积物有机磷形态分级特征研究[J].环境科学,2011,04:1000-1007.

[131] 贺桂珍,吕永龙,王晓龙,等.应用条件价值评估法对无锡市五里湖综合治理的评价[J].生态学报,2007,01:270-280.

[132] 章铭.太湖五里湖生态修复示范区水质改善效果分析[D].武汉:华中农业大学,2012.

[133] 蔡琳琳,朱广伟,王永平,等.五里湖综合整治对湖水水质的影响[J].河海大学学报,2011,39(5):1000-1980.

[134] 孙远军.水体沉积物磷元素释放的影响因素及控制技术研究[J].给水排水,2013,S1:138-142.

[135] 徐玉慧.太湖表层沉积物中氮磷生物可利用性的季节性变化[D].长春:吉林大学,2006.

[136] 屈森虎,王逊,陈媛,等.不同水体沉积物中磷的形态分析[J].环境监控与预警,2011,05:34-37.

[137] 张博,李永峰,姜霞,等.环境治理工程对蠡湖水体中磷空间分布的影响[J].中国环境科学,2013,07:1271-1279.

[138] 戴纪翠,宋金明,李学刚,等.胶州湾不同形态磷的沉积记录及生物可利用性研究[J].环境科学,2007,05:929-936.

[139] 俞海桥,王俊川,邓家添,等.疏浚及水生植被重建对太湖西五里湖沉积物有机质的影响[J].农业环境科学学报,2009,09:1903-1907.

[140] 宋倩文,李永峰. 太湖梅梁湾沉积物中磷形态垂直分布特征分析[J]. 哈尔滨商业大学学报(自然科学版),2013,02:156-159.

[141] 周孝德,郭瑾珑,程文,等. 水环境容量计算方法研究[J]. 西安理工大学学报,1999,03:1-6.

[142] 夏晓武. 合肥市地表水环境容量与污染控制的研究[D]. 合肥:合肥工业大学,2005.

[143] 邢华超. 东昌湖水环境容量研究[D]. 北京:北京林业大学,2010.

[144] 刘凌,崔广柏. 湖泊水库水体氮、磷允许纳污量定量研究[J]. 环境科学学报,2004,06:1053-1058.

[145] 刘国中,全一. 五道水库水体允许纳污量计算分析[J]. 吉林水利,2011,04:47-49.

[146] 胡开明,逄勇,王华,等. 大型浅水湖泊水环境容量计算研究[J]. 水力发电学报,2011,04:35-141.

[147] 柏祥,陈开宁,黄蔚,等. 五里湖水质现状与变化趋势[J]. 水资源保护,2010,26(5):6-10.

[148] 龚春生,姚琪,范成新. 城市浅水型湖泊底泥释磷的通量估算 —— 以南京玄武湖为例[J]. 湖泊科学,2006,18(2):179-183.

[149] 范成新,张路. 太湖 —— 沉积物污染与修复原理[M]. 北京:科学出版社,2009.

[150] 姜恒,黄兵,钱湛. 洞庭湖水环境综合治理对策初探[J]. 环境科学导刊,2019,(4):36-40.

[151] 阳文锐,王如松,黄锦楼,等. 生态风险评价及研究进展[J]. 应用生态学报,2007,18(8):1869-1876.